海岛植物（下）

王金旺　陈秋夏　魏　馨　主编

中国林业出版社
CFPH China Forestry Publishing House

图书在版编目（CIP）数据

温州海岛植物. 下册 / 王金旺，陈秋夏，魏馨主编. -- 北京：中国林业出版社，2022.6
ISBN 978-7-5219-1695-9

Ⅰ. ①温… Ⅱ. ①王… ②陈… ③魏… Ⅲ. ①岛－植物－介绍－温州 Ⅳ. ① Q948.525.53

中国版本图书馆 CIP 数据核字 (2022) 第 085836 号

责任编辑 于晓文　于界芬　　**电话**（010）83143549

出版发行 中国林业出版社有限公司
（100009 北京西城区德内大街刘海胡同 7 号）
网　址 http://www.forestry.gov.cn/lycb.html
印　刷 河北华商印刷有限公司
版　次 2022 年 6 月第 1 版
印　次 2022 年 6 月第 1 次印刷
开　本 787mm × 1092mm　1/16
印　张 11.5
字　数 300 千字
定　价 128.00 元

温州海岛植物（下）
编辑委员会

温州 ISLAND FLORA OF WENZHOU

海岛植物（下）

序

FOREWORD

由于海岛特殊的自然环境，蕴育了独特的植物多样性，在植物多样性研究中具有非常重要的地位。海岛植物区系与大陆植物区系的分异和联系，是植物区系地理学研究的热点问题，一直受到植物学研究者的重视和关注。

温州地处浙江东南沿海，全市海域面积 1.1 万 km²，有大小海岛 700 多个，是我国岛屿最多的地区之一。虽然，对于温州沿海岛屿的植物资源和区系已有多次调查，特别是“八五”期间全国统一部署的海岛自然资源的调查中有过较为系统的调查，取得丰硕的成果，发现了毛柱郁李、变叶裸实、车桑子、滨当归、日本百金花、北美水茄等许多浙江乃至中国分布新记录植物；自 2010 年以来，温州野生植物资源调查与《温州植物志》编著项目也对部分岛屿作了调查，发现了匍匐黄细心、早田氏爵床、墨苜蓿等浙江或我国大陆分布新记录植物。但由于海岛交通不便，调查费用高，海岛植物资源的调查难度很大，因此，海岛植物资源的调查与研究相对大陆要薄弱许多。

让我欣喜的是，陈秋夏博士、王金旺博士等人组成的课题组在国家海洋局温州海洋环境监测中心站、温州市海洋与渔业局等单位的资助下，根据全国海岛资源监测的统一部署，为期数年，开展了迄今最为全面的温州海岛植物资源和多样性调查研究，调查的岛屿达 80 多个，分别记录了每个海岛的植物种类与分布情况。通过鉴定和整理，已知野生维管束植物共600多种，比较全面系统地反映了温州海岛植物的多样性，并发现了狼毒大戟、全缘冬青、东南南蛇藤、海岸卫矛、中华补血草、玫瑰石蒜等温州或浙江分布新记录植物20余种，丰富了温州乃至浙江植物区系的内容，不仅充实了《温州植物志》有关海岛植物分布信息，也为《浙江植物志》（第二版）的编著提供了有用资料。

现在，课题组根据调查结果编著的《温州海岛植物》即将出版，这是我省有关海岛野生植物资源的第一本专著。相信它的出版将在海岛植物资源的合理利用、植物多样性的科学保护和生态文明建设方面发挥重要作用。

丁炳扬

2016年7月6日于百山祖

前　言

PREFACE

海岛的法学定义在国际上一直以来存在争议，现通常引用的是1982年《联合国海洋公约》第121条“岛屿是四面环水并在高潮时高于水面的自然形成的陆地区域”；其地质学定义在我国国家标准《海洋学术语 海洋地质学》（GB/T 18190—2000）中的表述为，海岛指散布于海洋中面积不小于500m²的小块陆地。海岛具有重要的战略地位，是划分内水、领海及管辖海域的重要标志，是建设深水港、从事渔业、发展海上旅游等的重要基地；同时作为海洋生态系统重要组成，是特殊动植物资源的基础库。温州地处浙江东南沿海，全市海域面积1.1万km²，海岸线长1031km，大陆岸线长355km，辖大小海岛716.5个（横仔岛与台州各占一半），其中500m²以上的海岛436个，有植被分布的海岛351个，最南端有植被分布的海岛为东星仔岛（N 27° 2′ 46.8″），最北端有植被的海岛为筲箕屿（N 28° 22′ 25.7″），面积最大的海岛为大门岛（2877.783hm²），距离大陆最远的有植被海岛为外长屿（44.31km）。

生物多样性是人类实现可持续发展的基础，生物多样性的研究和保护被世界各国普遍重视和关注，植物多样性和海岛植被是维持海岛生态系统的基础，海岛特殊生境孕育了特殊的植物多样性。温州属中亚热带湿润季风气候区，全区温度适宜，四季分明，光照充足，雨量充沛，7月平均气温28.7℃，1月平均气温8.1℃，年平均气温17.9~18.1℃，是浙江省植物种类最丰富的地区之一。温州海岛的植被类型主要有中亚热带常绿阔叶林、中亚热带常绿—落叶阔叶混交林、中亚热带针叶—阔叶混交林、中亚热带灌丛和草丛等。研究海岛植物资源和海岛植被分布对于如何合理开发利用、保护海岛资源，同时对丰富生物多样性理论研究等具有重要的意义。

2010年以来，受国家海洋局温州海洋环境监测中心站及温州市海洋与渔业局等单位的委托，浙江省亚热带作物研究所开展了温州市重点无居民海岛植物资源调查研究和海岛植被监测等工作。参加野外调查人员有陈秋夏、王金旺、魏馨、周庄、陈贤兴、胡仁勇、李效文、夏海涛、杨升、卢翔、雷海清、高媛、王晓乐、孙伟、钱锋、吕雅静、杨燕萍、王军锋、刘星、刘洪见、邓瑞娟、付双彬、曾爱平、姚丽娟、季海宝、廖三弟等，海岛野外考察工作十分艰辛，但收获也颇丰，至2018年年底共调查的岛屿有80多个，分别记录了每个海岛的植物分布情况，通过鉴定和整理，目前发现海岛植物650余种，其中发现了狼毒大戟、全缘冬青、东南南蛇藤、海岸卫矛、中华补血草、玫瑰石蒜等温州或浙江分布新记录植物20余种。

《温州海岛植物（上)》收录了蕨类植物、裸子植物及被子植物中离瓣花亚纲植物73科219种，《温州海岛植物（中)》收录了被子植物中合瓣花亚纲植物26科188种。本书收录了被子植物中单子叶植物15科168种。书中蕨类植物科的概念和排列顺序按照秦仁昌系统，裸子植物科的概念和排列顺序按照郑万钧系统，被子植物科的概念和排列顺序按照恩格勒系统，与《浙江植物志》相同。书中详细描述了植物的形态特征、海岛生长环境与分布、用途等信息，每个物种都配有相关的彩色照片。禾本科由王金旺编写，莎草科至灯心草科主要由魏馨编写，百合科至兰科主要由陈秋夏编写。王金旺对全文的文字和图片进行审阅和修改。

国家海洋局温州海洋环境监测中心站、温州市自然资源与规划局（原温州市海洋与渔业局）等单位提供经费资助并在野外调查工作中给予了大力协助；陈征海教授级高工、丁炳扬教授提供了部分物种照片；岳晋军博士在竹类物种鉴定给予帮助；著名的分类学专家丁炳扬教授为本书作序，在此致以诚挚感谢！受专业知识和野外调查时间的所限，本书难免存在疏漏和错误之处，敬请广大读者批评指正！

编　者

2022年4月

目　录

CONTENTS

莎草科

水烛（狭叶香蒲）

Typha angustifolia Linn.

• 香蒲科 Typhaceae　　• 香蒲属 *Typha* Linn.

● 形态特征　多年生水生或沼生草本。根状茎横走；地上茎直立，高 1~2.5m。叶片条形，长 35~120cm，宽 0.5~1cm，上部扁平，背面向下逐渐隆起，先端急尖，基部扩大成抱茎的鞘，鞘口两侧有膜质叶耳。雌雄花序不相连接，中间相距 2~8cm；雄花序长 20~30cm，叶状苞片 1~3 枚，花后脱落；雌花序长 8~24cm，具叶状苞片 1 枚，花后脱落，果时直径 1~2cm；雄花由 2~3 雄蕊合生，花药长约 2mm；雌花长 3~3.5mm，基部有稍比柱头短的白色长柔毛。小坚果长椭圆形，长约 1.5mm，具褐色斑点。花期 6~7 月，果期 8~10 月。

● 产地与生境　见于洞头区大竹峙岛、北爿山岛、南爿山岛，瑞安市王树段岛、小叉山，苍南县琵琶山等岛屿。生于池塘、水沟、沼泽、有淡水补给的滩涂边缘及潮间带以上区域的临时性水坑。

● 用途　花粉可入药；叶片可用于编织、造纸；幼叶基部和根状茎先端可作蔬菜食用；雌花序可作枕芯和坐垫的填充物；还可用于水生花卉观赏。

绿竹

Bambusa oldhamii Munro

●禾本科 **Poaceae**　●簕竹属 ***Bambusa*** **Schreb.**

● 形态特征　灌木或乔木状竹类。秆高 6~12m，直径 3~7cm，幼时被白粉，后深绿色无毛，基部几节稍作“之”形曲折；秆壁厚 4~12mm；箨鞘革质，易落，无毛，顶端截状；箨耳近等大，具细缝毛；箨舌全缘或波状；箨片直立，三角形，基部截形并向内收窄，宽度为箨鞘顶端之半。分枝低，常第 3 节始，分枝多数，主枝明显。末级小枝具 6~15 叶；叶鞘初被小刺毛，后无毛；叶耳椭圆形，有细缝毛；叶舌矮，截状；叶片长 15~30cm，宽 2~5cm，上表面无毛，下面具细柔毛。笋期 6~9 月，花期多在夏秋季。

● 产地与生境　见于瑞安市北龙山。生于山坡村落旁。

● 用途　笋大可食而味美；竹材纤维细长，是造纸的好原料。

青皮竹

Bambusa textilis McClure

● **禾本科 Poaceae** ● **箣竹属 *Bambusa* Schreb.**

● 形态特征 乔木状竹类。秆高 8~10m，直径 3~5cm，尾稍弯垂，下部挺直；幼时被白粉，贴生浅棕色小刺毛，后变无毛；自秆中下部第 7~11 节开始分枝，多枝簇生，主枝稍粗长；箨鞘革质，硬脆，先端左右不对称，背面近基部贴生暗棕色刺毛，早落；箨耳较小，末端不外延，具细弱缝毛；箨舌高 2mm，齿裂；箨片直立，卵状三角形，外面基部有脱落性暗棕色刺毛，基部稍作心形收窄，宽度约为箨鞘顶端 2/3。叶鞘无毛；叶耳发达，镰刀形，边缘具曲状缝毛；叶舌低矮，边缘啮齿状；叶片上面深绿色无毛，下面被短柔毛。笋期夏秋季。

● 产地与生境 见于洞头区大竹屿岛。生于山谷水沟旁。

● 用途 多为编织用材，常用作编制各类竹器、竹笠和工艺品等；竹笋可食用；还可种植供观赏。

阔叶箬竹

Indocalamus latifolius (Keng) McClure

• **禾本科 Poaceae** • **箬竹属 *Indocalamus* Nakai**

• 形态特征　灌木状竹类。秆高 1m，直径 5mm，节间长 12~25cm，具微毛，尤以节下方为甚；秆箨宿存，箨鞘硬纸质或纸质，下部秆箨者紧抱秆，上部者则较疏松抱秆，背部常具棕色疣基小刺毛或白色的细柔毛，以后毛易脱落，边缘具棕色纤毛；箨耳缺如，疏生粗糙短缝毛；箨舌截形，高 0.5~1.5mm，先端无毛或有时具短缝毛；箨片直立，线形或狭披针形。叶鞘无毛，质厚，坚硬，边缘无纤毛；叶舌截形；叶耳无；叶片长圆状披针形，先端渐尖，长 10~45cm，宽 2~9cm，下表面灰白色或灰白绿色，多少生有微毛，侧脉 8~10 对，小横脉明显，形成近方格形，叶缘生有小刺毛。笋期 4~5 月。

• 产地与生境　见于瑞安市铜盘山、长大山、山姜屿等岛屿。生于山坡、疏林下。

• 用途　秆宜作毛笔杆或竹筷；叶片巨大者可作斗笠，以及船篷等防雨工具，也可用来包裹粽子。

毛竹

Phyllostachys edulis (Carr.) J. Houz.

• 禾本科 Poaceae　• 刚竹属 *Phyllostachys* Sieb. et Zucc.

● 形态特征　乔木状竹类。地下茎为单轴散生，偶可复轴混生。秆大型，高可达 20m，粗达 20cm，基部节间甚短向上的节较长，中部节间长达 40cm 以上，初始密被细柔毛和白粉，尤以节下白粉环特别浓厚；秆环不明显；分枝以下箨环微隆起；秆箨早落；箨鞘纸质或革质，密被糙毛、深褐色斑点和斑块；箨耳微小，缝毛发达；箨舌宽短，先端拱凸，边缘具长纤毛；箨片在秆中部的秆箨上呈狭长三角形或带状，平直或波状或皱缩，直立至外翻。末级小枝具叶 4~6；叶鞘无叶耳，具脱落性肩毛；叶舌较发达；叶片较小，披针形至带状披针形，下表面基部常生有柔毛，小横脉明显。笋期 3~6 月。

● 产地与生境　见于瑞安市凤凰山。生于山坡地。

● 用途　毛竹栽培历史悠久，是经济价值高的重要竹种。秆供建筑用；篾性优良，供编织各种粗细的用具及工艺品；枝梢作扫帚；嫩竹及秆箨作造纸原料；笋味美，可鲜食或加工制成玉兰片、笋干、笋衣等。

假毛竹

Phyllostachys kwangsiensis W.Y. Hsiung et al.

• **禾本科 Poaceae** • **刚竹属 *Phyllostachys* Sieb. et Zucc.**

● **形态特征** 秆高 8~16m，直径 4~10cm，节间长度较均匀，长 25~35cm，幼秆绿色，密被柔毛，老秆黄绿色或黄色；箨环上下均有白粉环，分枝以下秆环平。箨鞘褐紫色，长于节间，疏生深褐色小斑点，下部秆箨被紫褐色毛，上部秆近无毛；箨耳不明显，具紫色长鞘口缝毛；箨舌短，弧形，密生紫色长纤毛；箨片紫绿色，长披针形至带状，长达 30cm。每节 2 分枝，1 枚大，1 枚小。每小枝具 1~4 叶；叶鞘灰绿色；缝毛发达，脱落性；叶片条状披针形，长 10~15cm，宽 0.8~1.5cm，下面粉绿色，两面疏生柔毛。笋期 4 月。

● **产地与生境** 见于洞头区大竹峙岛。生于山坡地。

● **用途** 秆材坚韧细密，节间匀称，宜劈篾编制各种器具，整秆供建筑及家具用；笋供食用，笋味一般。

台湾桂竹

Phyllostachys makinoi Hayata

- 禾本科 Poaceae ● 刚竹属 *Phyllostachys* Sieb. et Zucc.

● 形态特征 秆高 8~15m，直径 3~7cm，秆表面具细微的小凹穴而呈猪皮状或有白色微点，新秆被薄而均匀的雾状白粉而呈粉绿色；箨环微隆起，秆环不明显。箨鞘在粗秆背面生有十分密集的紫褐色斑块或斑点，先端钝且突然呈截形，截形部分比箨片基部宽 2 倍；无箨耳和鞘口缝毛；箨舌紫红色或深紫色，先端截形或微拱形，具紫红色长纤毛；箨片带状，狭窄，先端长尖，外面有短柔毛。生叶小枝纤细，叶鞘近无毛，一侧破裂，有覆瓦状的纤毛，口部偏斜，密生硬毛；叶耳耳缘毛长 6mm，粗糙，在口部两侧各着生有 5~10 根；叶片长 10~12cm，宽约 1.7cm，下面基部中脉上有硬毛；叶舌、叶耳及毛均带紫色。笋期 5~6 月。

● 产地与生境 见于苍南县草屿岛。生于山坡中部。

● 用途 秆材坚韧致密，可用于建筑、造纸、竹椅、竹帘、伞骨、竹剑、笛箫等；笋供食用。

剪股颖

Agrostis clavata Trin.

•禾本科 Poaceae　•剪股颖属 *Agrostis* Linn.

- 形态特征　多年生草本。具细弱的根状茎。秆丛生，柔弱，直立，高 30~40cm，直径 0.6~1mm，常具 2~3 节，顶节位于秆基 1/4 处。叶鞘疏松抱茎，平滑，长于或上部者短于节间；叶舌透明膜质，先端圆形或具细齿，长 1~1.5mm；叶片直立，扁平，长 3~10cm，短于秆，宽 1~3mm，微粗糙，上面绿色或灰绿色，分蘖叶片长可达 20cm。圆锥花序窄线形，花后开展，长 5~15cm，宽 0.5~3cm，绿色，每节具 2~5 枚细长分枝，主枝长达 4cm，直立或有时上升；小穗柄棒状，长 1~2mm，小穗长 1.8~2mm；第 1 颖稍长于第 2 颖，先端尖，平滑，脊上微粗糙；外稃无芒，长 1.2~1.5mm，具明显的 5 脉，先端钝，基盘无毛；内稃卵形，长约 0.3mm；花药微小，长 0.3~0.4mm。颖果扁平，纺锤形，长约 1.2mm。花果期 4~7 月。
- 产地与生境　见于乐清市大乌岛，洞头区本岛、大门岛等岛屿。生于抛荒地或山坡疏林缘。
- 用途　牛羊喜食牧草。

看麦娘

Alopecurus aequalis Sobol.

● **禾本科 Poaceae**　● **看麦娘属 *Alopecurus* Linn.**

● 形态特征　一年生草本。须根细弱。秆少数丛生，细瘦光滑，节处常膝曲，高 15~30cm，通常具 3~5 节。叶鞘疏松抱茎，光滑，短于节间；叶舌膜质，长 2~5mm；叶片扁平，长 3~10cm，宽 3~5mm。圆锥花序圆柱状，灰绿色，长 2~7cm，宽 3~6mm；小穗椭圆形或卵状长圆形，长 2~3mm；颖膜质，基部互相连合，具 3 脉，脊上有细纤毛，侧脉下部有短毛；外稃膜质，先端钝，等长或稍长于颖，下部边缘互相连合，芒长 2~3mm，约于稃体下部 1/4 处伸出，隐藏或稍外露；花药橙黄色，长 0.5~0.8mm。颖果长约 1mm。花果期 3~5 月。

● 产地与生境　见于洞头区本岛、大门岛，苍南县琵琶山等岛屿。生于田边水沟或路边水沟旁。

● 用途　牛羊喜食牧草。

荩草

Arthraxon hispidus (Thunb.) Makino

●**禾本科 Poaceae**　●**荩草属 *Arthraxon* P. Beauv.**

● 形态特征　一年生草本。秆细弱无毛，基部倾斜，高 30~60cm，具多节，常分枝，基部节着地易生根。叶鞘短于节间，生短硬疣毛；叶舌膜质，长 0.5~1mm，边缘具纤毛；叶片卵状披针形，长 2~4cm，宽 0.8~1.5cm，基部心形，抱茎，除下部边缘生疣基毛外余均无毛。总状花序细弱，长 2~4.5cm，2~10 枚花序呈指状排列或簇生于秆顶；总状花序轴节间无毛，长为小穗的 2/3~3/4。无柄小穗卵状披针形，两侧压扁，长 3~5mm；第 1 颖草质，边缘膜质，包住第 2 颖 2/3，先端锐尖；第 2 颖近膜质，与第 1 颖等长，舟形，先端尖；第 1 外稃长圆形，透明膜质，先端尖，长为第 1 颖的 2/3；第 2 外稃与第 1 外稃等长，透明膜质，近基部伸出一膝曲的芒，芒长 6~9mm，下部扭转；雄蕊 2。有柄小穗退化仅到针状刺，柄长 0.2~1mm。颖果长圆形。花果期 9~11 月。

● 产地与生境　见于洞头区本岛、大门岛、东策岛，瑞安市大明甫、大叉山岛、小峙山，平阳县柴峙岛，苍南县官山岛、琵琶山等岛屿。生于农田、路边或山坡疏林下。

● 用途　草入药，具止咳定喘、解毒杀虫的功效。

野古草

Arundinella hirta (Thunb.) Tanaka

• **禾本科 Poaceae** • **野古草属 *Arundinella* Raddi**

● 形态特征　多年生草本。具横走根状茎。秆直立，较坚硬，疏丛生，高 60~100cm，直径 2~4mm。叶鞘无毛或被疣毛；叶舌短，具纤毛；叶片扁平或边缘烧内卷，常无毛或仅背面边缘疏生一列疣毛至全部被短疣毛。圆锥花序长 10~30cm，开展或略收缩；主轴与分枝具棱，棱上粗糙或具短硬毛；孪生小穗柄长 3.5~5mm，灰绿色或带深紫色；颖卵状披针形，具 3~5 明显而隆起的脉，脉上粗糙；第 1 颖长为小穗的 1/2~2/3；第 2 颖与小穗等长或稍短；第 1 外稃具 3~5 脉，顶端钝，内稃较短；第 2 外稃披针形，上部略粗糙，具不明显 5 脉，无芒或先端具芒状小尖头，内稃较短；基盘毛两侧及腹面有长为稃体 1/3~1/2 的柔毛。花果期 8~11 月。

● 产地与生境　见于洞头区青山岛、大门岛瑞安市王树段岛。生于山坡林下或林缘灌草丛中。

● 用途　幼嫩植株可作饲料；根茎密集，可作固堤植物；秆叶可作造纸原料。

庐山野古草

Arundinella hirta (Thunb.) Tanaka var. *hondana* Koidz.

- **禾本科 Poaceae**　　● **野古草属 *Arundinella* Raddi**

- 形态特征　与原变种野古草的主要区别在于本变种的颖片密被硬疣基毛，基盘毛长为稃体的 1/3。
- 产地与生境　见于洞头区大门岛。生于山坡草丛。
- 用途　嫩植株可作饲料；秆叶可作造纸原料。

刺芒野古草

Arundinella setosa Trin.

● 禾本科 Poaceae　● 野古草属 *Arundinella* Raddi

● 形态特征　多年生草本。秆单生至丛生，直立，基部具坚硬根头。叶鞘大多具疣毛或无毛，边缘具短纤毛；叶舌短小至近缺如，膜质，具纤毛；叶片线形至披针形，扁平或边缘内卷，无毛或被疣毛。圆锥花序开展或紧缩成穗状，长10~20cm，分枝开展或直立；小穗孪生，稀单生，长5~7mm；第1颖长3~5mm，具3脉，稀具5脉；第2颖长4~7mm，具5脉；第1外稃长大多短于第1颖或与之相等，具5脉；第2外稃长2~2.5mm，基盘两侧及腹面有长及稃体1/4的柔毛，先端有1芒及2侧刺，芒与小穗近等长，下部1/3膝曲，芒柱深棕色，扭转。颖果长卵形，褐色。花果期8~11月。

● 产地与生境　见于瑞安市铜盘山、北龙山、王树段岛，苍南县官山岛等岛屿。生于山坡草地、灌草丛中。

● 用途　秆叶可作纤维原料。

芦竹

Arundo donax Linn.

• **禾本科 Poaceae** • **芦竹属 *Arundo* Linn.**

• 形态特征　多年生草本。具发达根状茎。秆粗大直立，高 2~4m，坚韧，具多数节，常生分枝。叶鞘长于节间，无毛或颈部具长柔毛；叶舌截平，长约 1.5mm，先端具短纤毛；叶片扁平，长 30~50cm，宽 3~5cm，上面与边缘微粗糙，基部白色，抱茎。圆锥花序大型，长 30~90cm，宽 3~6cm，分枝稠密，斜升；小穗长 10~12mm；含 2~4 小花，小穗轴节长约 1mm；外稃中脉延伸成 1~2mm 的短芒，背面中部以下密生长柔毛，毛长 5~7mm，基盘长约 0.5mm，两侧上部具短柔毛，第 1 外稃长约 1cm；内稃长约为外稃之半；雄蕊 3；颖果黑色，细小。花果期 9~12 月。

• 产地与生境　温州沿海岛屿常见。生于路边、抛荒地、溪沟边草丛或有淡水补给的滩涂内侧。

• 用途　秆为制管乐器中的簧片；茎纤维是制优质纸浆和人造丝的原料；幼嫩枝叶是牲畜的良好饲料。

野燕麦

Avena fatua Linn.

•禾本科 Poaceae　•燕麦属 *Avena* Linn.

● 形态特征　一年生草本。秆直立，高 60~120cm，光滑无毛，具 2~4 节。叶鞘松弛，光滑或基部者被微毛；叶舌透明膜质，长 1~5mm；叶片扁平，长 10~30cm。圆锥花序开展，金字塔形，长 10~25cm，分枝具棱角，粗糙；小穗长 18~25mm，含 2~3 小花；小穗轴的节间脆硬易断落，通常密生硬毛；颖草质，几相等，通常具 9 脉；外稃质地坚硬，第 1 外稃长 15~20mm，背面中部以下具淡棕色或白色硬毛，基盘密生短刺毛，芒自稃体中部稍下处伸出，长 2~4cm，膝曲。颖果被淡棕色柔毛，腹面具纵沟，长 6~8mm。花果期 4~9 月。

● 产地与生境　见于洞头区本岛、大门岛、官财屿、北小门岛，瑞安市凤凰山，苍南县东星仔岛、星仔岛、琵琶山、长腰山等岛屿。生于抛荒地或路边草丛。

● 用途　优良牧草，也是常见杂草；可作为造纸原料。

白羊草

Bothriochloa ischaemum (Linn.) Keng

• **禾本科 Poaceae** • **孔颖草属 *Bothriochloa* Kuntze**

• 形态特征　多年生草本。秆丛生，直立或基部倾斜，高 40~90cm，径 1~2mm，具 3~4 节；叶鞘无毛，常短于节间；叶舌膜质，长约 1mm，具纤毛；叶片线形，长 5~16cm，宽 2~4mm，两面疏生疣基柔毛或下面无毛。总状花序 4 至多数着生于秆顶呈指状，长 3~7.5cm；穗轴节间与小穗柄两侧具白色丝状毛；无柄小穗长圆状披针形，长 4~5mm，基盘具髯毛；第 1 颖草质，背部中央略下凹，具 5~7 脉，下部 1/3 具丝状柔毛；第 2 颖舟形，中部以上具纤毛；第 1 外稃长圆状披针形，长约 3mm，先端尖，边缘上部疏生纤毛；第 2 外稃退化成线形，先端延伸成一膝曲扭转的芒，芒长 10~15mm；雄蕊 3。有柄小穗雄性，第 1 颖具 9 脉，第 2 颖具 5 脉。花果期秋季。

• 产地与生境　见于洞头区大竹峙岛、东策岛，瑞安市大明甫，苍南县东星仔岛。生于路边灌草丛。

• 用途　可作牧草；根可制各种刷子。

银鳞茅

Briza minor Linn.

•禾本科 Poaceae　•凌风草属 *Briza* Linn.

● 形态特征　一年生草本。秆直立，细弱，高 20~30cm。叶鞘质薄柔软，疏松裹茎，平滑；叶舌薄膜质，先端尖，长约 5mm；叶片质薄，扁平，上面和边缘微粗糙，下面光滑，与叶鞘无明显界限，长 4~12cm，宽 4~10mm。圆锥花序开展，直立，长 5~10cm，分枝细弱，向上伸展，多两歧或三歧分叉；小穗柄细弱，稍糙涩，长约 14mm；小穗宽卵形，常淡绿色，长 3~4mm，含 3~6 小花，基部宽约 4mm；颖片较宽，长 2~2.5mm，具 3~5 脉，顶端近圆形；外稃具宽膜质边缘，背部平滑或被微毛，具 7~9 脉；第 1 外稃长约 2mm；内稃稍短于外稃，卵形，背面具小鳞毛；花药长约 0.4mm；颖果三角形。花果期 5~6 月。

● 产地与生境　原产于欧洲、非洲北部、亚洲西南部。见于洞头区小门岛。生于山坡荒地、路边或地边草丛。

● 用途　花穗美丽，可用以园艺观赏；植物体中因含氰酸的配糖体而有毒。

雀麦

Bromus japonicus Thunb.

● **禾本科 Poaceae** ● **雀麦属 *Bromus* Linn.**

● 形态特征　一年生或二年生草本。须根细而稠密。秆直立，丛生，高 30~100cm。叶鞘紧密抱茎，被白色柔毛；叶舌透明膜质，先端有不规则的裂齿；叶片长 5~30cm，两面生柔毛或有时下面变无毛。圆锥花序开展，长 20~30cm，具 3~7 分枝，向下弯垂；分枝细，长 5~10cm，上部着生 1~4 枚小穗；小穗幼时圆筒形，成熟后压扁，长 10~35mm，密生 7~14 小花；颖披针形，边缘膜质，第 1 颖长 5~8mm，具 3~5 脉；第 2 颖长 7~10mm，具 7~9 脉；外稃椭圆形，长 8~10mm，具 7~9 脉，芒自先端下部伸出，长 5~10mm；内稃短于外稃。颖果压扁，长 7~8mm。花果期 4~7 月。

● 产地与生境　见于洞头区本岛、大门岛等岛屿。生于荒野路旁、水沟边或田埂。

● 用途　可作牧草。

扁穗雀麦

Bromus catharticus Vahl

●禾本科 Poaceae ●雀麦属 *Bromus* Linn.

● 形态特征　多年生草本。须根发达。茎直立，丛生，粗大扁平，高达1m左右。叶鞘早期被柔毛，后渐脱落；叶舌膜质，长2~3mm，有细缺刻；叶片披针形，长40~50cm，宽6~8mm。圆锥花序开展疏松，长20cm，有的穗形较紧凑；小穗极压扁，长2~3cm，通常含6~12小花；颖披针形，脊上具微刺毛，第1颖长约1cm，具7~9脉；第2颖较第1颖长，具9~11脉；外稃具9~11脉，顶端裂口处具小芒尖，内稃狭窄，较短小。颖果紧贴于内稃。花果期4~6月。蒴果倒卵形，边缘及上端具翅。种子棕红色，多数，具网纹。花果期4~5月。

● 产地与生境　原产于南美洲。见于洞头区本岛，瑞安市北麂岛等岛屿。生于田边草丛或海边沙滩。

● 用途　优良牧草。

拂子茅

Calamagrostis epigeios (Linn.) Roth

• **禾本科 Poaceae** • **拂子茅属 *Calamagrostis* Adans.**

• 形态特征　多年生草本。具根状茎。秆直立，高 50~100cm，径 2~3mm。叶鞘平滑或稍粗糙；叶舌膜质，长 5~8mm，长圆形；叶片长 15~30cm，宽 5~12mm，扁平或边缘内卷。圆锥花序紧密，圆柱形，具间断，长 15~30cm；小穗长 5~7mm，淡绿色或带淡紫色；两颖近等长或第 2 颖微短；外稃透明膜质，长约为颖的一半，顶端具 2 齿，基盘的柔毛几与颖等长，芒自稃体背中部附近伸出，细直，长 2~3mm；内稃长约为外稃的 2/3，顶端细齿裂；雄蕊 3。花果期 5~9 月。

• 产地与生境　见于洞头区本岛、南爿山岛，瑞安市山姜屿，平阳县大擂山屿，苍南县外圆山仔屿等岛屿。生于潮湿地及沟渠旁。

• 用途　本种为牲畜喜食的牧草；根茎发达，耐盐碱，又耐水湿，是固定泥沙、保护河岸的良好材料。

硬秆子草

Capillipedium assimile (Steud.) A. Camus

• 禾本科 Poaceae　• 细柄草属 *Capillipedium* Stapf

• 形态特征　多年生草本。秆坚硬，高 70~150cm。叶鞘疏松裹茎，常长于节间；叶片条状披针形，长 6~15cm，宽 3~6mm，具白粉。圆锥花序长 6~15cm，分枝簇生，枝腋内有柔毛；穗轴节间和小穗柄均长纤毛；无柄小穗长圆形，长 2~3mm；第 1 颖顶端窄而截平，具 4~6 不明显的脉；第 2 颖与第 1 颖等长，顶端钝或尖，具 3 脉；第 1 外稃长圆形，顶端钝，长为颖的 2/3；第 2 外稃线性，先端延伸成芒，芒膝曲扭转，长约 10mm；具柄小穗线状披针形，常较无柄小穗长，两颖上部边缘具纤毛。花果期 7~11 月。

• 产地与生境　见于洞头区本岛、东策岛，瑞安市荔枝岛等岛屿。生于山坡草丛或疏林下。

• 用途　优良牧草。

细柄草

Capillipedium parviflorum (R. Br.) Stapf

• **禾本科 Poaceae** • **细柄草属 *Capillipedium* Stapf**

• 形态特征　多年生草本。秆细弱，高 30~100cm，直立或基部稍倾斜，单生或稍分枝。叶鞘无毛或有毛；叶舌干膜质，长 0.5~1mm；叶片条形，长 10~20cm，宽 2~7mm。圆锥花序长圆形，长 5~25cm，通常紫色；分枝及小枝纤细，枝腋间均具细柔毛；无柄小穗长 3~5mm，被粗糙毛，基盘被白色长柔毛，具 1~1.5cm 的细芒；第 1 颖坚纸质，边缘内折成 2 脊；第 2 颖舟形，背面具钝圆的脊；第 1 外稃透明膜质，无脉；第 2 外稃退化成线形，先端延伸成一膝曲的芒。有柄小穗与无柄小穗等长或略短于无柄小穗，无芒。花果期 7~11 月。

• 产地与生境　见于洞头区东策岛，瑞安市铜盘山、北龙山、长大山、王树段岛、王树段儿屿，平阳县大擂山屿，苍南县东星仔岛、官山岛等岛屿。生于抛荒地、路边灌草丛或山坡疏林下。

• 用途　可作牧草。

朝阳隐子草（朝阳青茅）

Cleistogenes hackelii (Honda) Honda

- **禾本科 Poaceae** ● **隐子草属 *Cleistogenes* Keng**

- 形态特征 多年生草本。秆丛生，基部具鳞芽，高 30~85cm，径 0.5~1mm，具多节。叶鞘长于或短于节间，常疏生疣毛，鞘口具较长的柔毛；叶舌具长 0.2~0.5mm 的纤毛，叶片条状披针形，长 3~10cm，宽 2~6mm，两面均无毛，扁平或内卷。圆锥花序开展，长 4~10cm，分枝稀少，基部分枝长 3~5cm；小穗长 5~7mm，含 2~4 小花，极易于颖之上脱落；颖膜质，具 1 脉，第 1 颖长 1~2mm，第 2 颖长 2~3mm；外稃边缘及先端带紫色，背部具青色斑纹，具 5 脉，边缘及基盘具短纤毛，第 1 外稃长 4~5mm，先端芒长 2~5mm，内稃与外稃近等长。花果期 7~11 月。
- 产地与生境 温州沿海岛屿常见。生于山坡林下或林缘灌丛中。
- 用途 优良牧草。

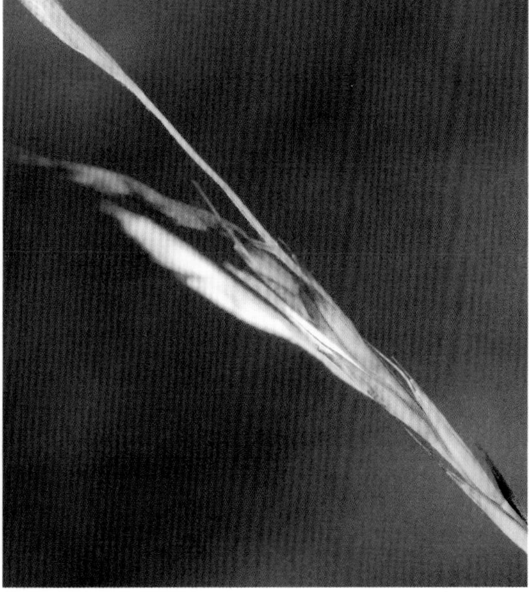

橘草

Cymbopogon goeringii (Steud.) A. Camus

- 禾本科 **Poaceae**　• 香茅属 ***Cymbopogon* Spreng.**

- **形态特征**　多年生草本。根须状。秆较细弱，直立，无毛，高 60~120cm。叶鞘无毛，下部叶鞘多破裂而向外反卷，质地较厚，内面棕红色；叶舌先端钝圆，长 1~2.5mm；叶片条形，扁平，长 15~35cm，宽 3~5mm，无毛。假圆锥花序长 15~30cm，较稀疏而狭窄；佛焰苞长 1.8~2.5cm，带紫色；穗轴节间长 3~3.5mm；无柄小穗长圆状披针形，长约 5.5mm；有柄小穗长 4~6mm，小穗柄有长 1~3mm 的白色柔毛；颖几等长；第 1 外稃膜质，长圆形；第 2 外稃狭窄，2 裂，裂齿间伸出芒，内稃微小或缺。花果期 9~11 月。
- **产地与生境**　温州沿海岛屿常见。生于山坡、山脊的疏林下或灌草丛中。
- **用途**　嫩茎叶可作牧草。

扭鞘香茅

Cymbopogon tortilis (J. Presl) A. Camus

• 禾本科 Poaceae　• 香茅属 *Cymbopogon* Spreng.

• 形态特征　多年生草本。有细韧的须根。秆直立，高 60~120cm，节具白色微小茸毛。叶鞘无毛，基部者多破裂反卷，呈现棕红色；叶片条形，长 30~45cm，宽 4~6mm。总状花序长 8~18mm，成对从舟形佛焰苞中伸出，组成大而密集的假圆锥花序，长 2.5~3.5cm，红棕色或紫色；佛焰苞长 12~15mm；小穗成对着生；无柄小穗长 3.5~5mm，具一膝曲的芒，芒长 10~15mm；有柄小穗长 3.5~5mm，无芒，小穗柄通常被长 0.5~1mm 的白色柔毛；颖几等长；第 1 外稃膜质，长圆形；第 2 外稃狭窄，2 裂，裂口处伸出芒；内稃小或不存在。花果期 8~10 月。

• 产地与生境　见于洞头区大竹峙岛、瑞安市王树段儿屿。生于山坡、山脊的疏林下或灌草丛中。

• 用途　嫩茎叶可作牧草。

狗牙根

Cynodon dactylon (Linn.) Pers.

• 禾本科 **Poaceae** • 狗牙根属 ***Cynodon*** **Rich.**

• 形态特征　多年生草本。具横走的根状茎和细韧的须根。秆细而坚韧，下部匍匐地面，长可达 1m，直立部分高 10~30cm。叶鞘微具脊，无毛或有疏柔毛，鞘口常具柔毛；叶舌短，具小纤毛；叶片线形，长 1~6cm，宽 1~3mm。穗状花序长 1.5~5cm，3~6 枚指状排列于茎顶；小穗灰绿色或带紫色，长 2~2.5mm，仅含 1 小花；颖长 1.5~2mm，第 2 颖稍长，均具 1 脉，背部成脊而边缘膜质；外稃草质兼膜质，与小穗同长，舟形，具 3 脉，背部明显成脊，脊上被柔毛；内稃与外稃近等长，具 2 脉。花果期 5~11 月。

• 产地与生境　温州沿海岛屿常见。生于抛荒地、路边以及果园等地。

• 用途　优良牧草和草坪草，也是常见杂草。

疏花野青茅

Deyeuxia effusiflora Rendle

• 禾本科 Poaceae • 野青茅属 *Deyeuxia* Clarion ex P. Beauv.

• **形态特征** 多年生草本。秆高 60~100cm，基部直径 1~2mm，具 3~4 节，花序下微粗糙。叶鞘疏松裹茎，长于或上部者短于节间，无毛或鞘颈具柔毛；叶舌膜质，长 1~3mm，顶端常撕裂；叶片扁平或边缘内卷，长 25~40cm，宽 2~4mm，无毛，两面粗糙。圆锥花序开展，稀疏，长 12~20cm，宽 3~8cm，分枝与小穗柄均粗糙，在中部以上分出小枝；小穗长 4.5~5mm，草黄色或带紫色；第 1 颖长于第 2 颖；外稃长约 3.5mm，基盘两侧的柔毛长为稃体的 1/4，芒自外稃近基部或下部 1/5 处伸出，长约 6mm，近中部膝曲。花果期 8~11 月。

• **产地与生境** 见于洞头区东策岛，瑞安市北龙山、大明甫、冬瓜屿、长大山、荔枝岛、王树段岛、山姜屿，平阳县大擂山屿，苍南县官山岛等岛屿。生于山坡疏林下或灌草丛中。

• **用途** 优良牧草。

升马唐

Digitaria ciliaris (Retz.) Koeler

• **禾本科 Poaceae** • **马唐属 *Digitaria* Haller**

● 形态特征　一年生草本。秆基部横卧地面，节处生根，具分枝，高 30~90cm。叶鞘常短于节间，多少具柔毛；叶舌膜质，长约 2mm；叶片条形或披针形，长 8~20cm，宽 5~10mm，上面散生柔毛，边缘稍厚，微粗糙。总状花序 5~8 枚呈指状排列于茎顶；穗轴宽约 1mm，边缘粗糙；小穗披针形，长 3~3.5mm，宽 1~1.2mm，双生于穗轴各节，一具长柄，一具极短的柄或几无柄；第 1 颖小，三角形；第 2 颖披针形，长约为小穗的 2/3，具 3 脉，脉间及边缘生柔毛；第 1 外稃等长于小穗，具 7 脉，脉平滑；第 2 外稃黄绿色或带铅色。花果期 5~10 月。

● 产地与生境　温州沿海岛屿常见。生于抛荒地、山坡或路边。

● 用途　优良牧草，也是常见杂草。

毛马唐

Digitaria ciliaris (Retz.) Koeler var. *chrysoblephara* (Fig. et De Not.) R. R. Stewart

• **禾本科 Poaceae** • **马唐属 *Digitaria* Haller**

- 形态特征　与升马唐的主要区别在于毛马唐第 1 外稃侧脉间及边缘成熟后具开展的长柔毛和疣基长刚毛。
- 产地与生境　见于洞头区大竹峙岛、南爿山岛，瑞安市凤凰山、王树段岛等岛屿。生于抛荒地、路边或山坡草丛。
- 用途　优良牧草。

红尾翎（短叶马唐）

Digitaria radicosa (Presl.) Miq.

- **禾本科 Poaceae** ● **马唐属 *Digitaria* Haller**

- 形态特征 一年生草本。秆基部横卧地面，节上生根，高 30~50cm。叶鞘短于节间，无毛或散生柔毛；叶舌长约 1mm；叶片较小，条状披针形，长 2~6cm，宽 3~7mm，下面及先端微粗糙，无毛或贴生短毛。总状花序 2~3，长 4~10cm，着生于长 1~2cm 的主轴上；小穗狭披针形，长 2.8~3mm，宽约 0.7mm，双生于穗轴各节，一具长柄，一具极短的柄或几无柄；第 1 颖小，三角形；第 2 颖狭披针形，长为小穗的 1/3~2/3，具 1~3 脉，脉间及边缘生柔毛；第 1 外稃与小穗等长，具 5~7 脉，正面 3 脉，侧脉间及边缘具柔毛；第 2 外稃黄色。花果期 7~10 月。
- 产地与生境 温州沿海岛屿常见。生于山坡草丛或路边旷地。
- 用途 优良牧草。

紫马唐

Digitaria violascens Link

• 禾本科 Poaceae • 马唐属 *Digitaria* Haller

● 形态特征 一年生直立草本。秆疏丛生，高 20~70cm，基部倾斜，具分枝，无毛。叶多密集于基部；叶鞘疏松裹茎，短于节间，无毛或生柔毛；叶舌膜质，长 1~1.5mm；叶片条状披针形，长 5~15cm，宽 3~7mm，无毛或上面基部及鞘口生柔毛。总状花序长 5~10cm，4~7 枚指状排列于茎顶或散生于主轴上；穗轴宽 0.5~1mm，中肋白色，两侧有绿色宽翼；小穗椭圆形，长 1.5~1.8mm，宽 0.8~1mm，2~3 枚生于各节；小穗柄稍粗糙；第 1 颖缺；第 2 颖稍短于小穗，具 3 脉，脉间及边缘生柔毛；第 1 外稃与小穗等长，有 5~7 脉，脉间及边缘生柔毛；第 2 外稃与小穗近等长，成熟后深棕色或黑紫色。花果期 7~11 月。

● 产地与生境 温州沿海岛屿常见。生于山坡林缘或路边荒地。

● 用途 优良牧草。

长芒稗

Echinochloa caudata Roshev.

• **禾本科 Poaceae** • **稗属 *Echinochloa* P. Beauv.**

• 形态特征　一年生草本。秆高1~1.5m。叶鞘无毛或常有疣基毛，或仅有粗糙毛或仅边缘有毛；叶舌缺；叶片条形，长20~40cm，宽1~2cm，两面无毛。圆锥花序稍下垂，长10~25cm，宽2~4cm；分枝密集，常再分小枝；小穗卵状椭圆形，常带紫色，长3~4mm，脉上具硬刺毛；第1颖三角形，长为小穗的1/3~2/5，先端尖，具3脉；第2颖与小穗等长，顶端具短芒，具5脉；第1外稃草质，顶端具长1.5~5cm的芒，具5脉，脉上疏生刺毛，内稃膜质；第2外稃革质，光亮，边缘包着同质的内稃。花果期6~10月。

• 产地与生境　见于洞头区本岛、大门岛，瑞安市凤凰山、冬瓜屿，平阳县琵琶山，苍南县官山岛等岛屿。生于抛荒地、水沟边或路旁潮湿处。

• 用途　可作饲料；根及幼苗作药用可止血；茎叶纤维可作造纸原料。

光头稗

Echinochloa colona (Linn.) Link

● **禾本科 Poaceae**　● **稗属 *Echinochloa* P. Beauv.**

● 形态特征　一年生草本。秆直立，高 10~60cm。叶鞘压扁而背具脊，无毛；叶舌缺；叶片条形，长 8~20cm，宽 3~7mm。圆锥花序狭窄，长 5~10cm；花序分枝长 1~2cm，排列稀疏，直立上升或贴向主轴；小穗卵圆形，长 2~2.5mm，具小硬毛；第 1 颖三角形，长约为小穗的 1/2，具 3 脉；第 2 颖与第 1 外稃等长而同形，顶端具小尖头，具 5~7 脉，间脉常不达基部；第 1 小花常中性，其外稃具 7 脉，内稃膜质，稍短于外稃，脊上被短纤毛；第 2 外稃椭圆形，平滑，光亮，边缘内卷，包着同质的内稃。花果期 6~11 月。

● 产地与生境　温州沿海岛屿常见。生于抛荒地、水沟边或路边湿润地。

● 用途　可作牧草。

稗

Echinochloa crusgalli (Linn.) Beauv.

•禾本科 Poaceae　•稗属 *Echinochloa* P. Beauv.

- 形态特征　一年生草本。秆高 50~150cm，光滑无毛。叶鞘疏松裹秆，平滑无毛；叶舌缺；叶片条形，长 15~40cm，宽 5~15mm。圆锥花序直立，近尖塔形，长 8~20cm；小穗卵形，长 3~4mm，脉上密被疣基刺毛，具密集在穗轴的一侧；第 1 颖三角形，长为小穗的 1/3~1/2，具 3~5 脉，脉上具疣基毛，基部包卷小穗，先端尖；第 2 颖与小穗等长，先端渐尖或具小尖头，具 5 脉，脉上具疣基毛；第 1 小花通常中性，其外稃草质，上部具 7 脉，顶端延伸成一粗壮的芒，芒长 0.5~1.5cm；第 2 外稃椭圆形，平滑，光亮，成熟后变硬，边缘内卷，包着同质的内稃，但内稃顶端露出。花果期 6~11 月。
- 产地与生境　温州沿海岛屿常见。生于水沟边或路边潮湿地。
- 用途　可作牧草。

西来稗

Echinochloa crusgalli (Linn.) P. Beauv. var. *zelayensis* (Kunth) Hitchc.

- 禾本科 **Poaceae** • 稗属 ***Echinochloa* P. Beauv.**

- 形态特征　与稗的主要区别在于本变种圆锥花序分枝上不再分枝；小穗顶端具小尖头而无芒，脉上无疣基毛，疏生硬刺毛。
- 产地与生境　见于瑞安市铜盘山、长大山，苍南县东星仔岛。生于潮湿地。
- 用途　可作牧草。

牛筋草

Eleusine indica (Linn.) Gaerth.

•禾本科 Poaceae　•䅟属 *Eleusine* Gaertn.

- 形态特征　一年生草本。根系极发达。秆丛生，基部倾斜，高 10~90cm。叶鞘两侧压扁而具脊；叶舌长约 1mm；叶片条形，长 10~15cm，宽 3~5mm。穗状花序 2~7 枚指状着生于秆顶，很少单生，长 3~10cm，宽 3~5mm；小穗长 4~7mm，宽 2~3mm，含 3~6 小花；颖披针形，具脊，脊粗糙；第 1 颖长 1.5~2mm；第 2 颖长 2~3mm；第 1 外稃长 3~4mm，卵形，膜质，具脊，脊上有狭翼，内稃短于外稃，具 2 脊，脊上具狭翼。囊果卵形，长约 1.5mm。花果期 7~11 月。
- 产地与生境　温州沿海岛屿常见。生于抛荒地、田边草丛或路旁草丛。
- 用途　全株可作饲料；优良保土植物；全草亦可供药用。

乱草

Eragrostis japonica (Thunb.) Trin.

• 禾本科 Poaceae　• 画眉草属 *Eragrostis* Wolf

• 形态特征　一年生草本。秆丛生，直立或基部膝曲，高 50~70cm，具 3~4 节。叶鞘疏松裹茎，大多长于节间，无毛；叶舌干膜质，截平；叶片扁平或内卷，长 10~25cm，宽 3~5mm，光滑无毛。圆锥花序长圆柱形，长度超过植株的一半，宽 2~6cm，分枝纤细，簇生或近轮生；小穗卵圆形，长 1~2mm，有 4~8 小花，成熟后紫色或褐色，自小穗轴由上而下逐节断落；颖近等长，卵圆形，先端钝，长 0.5~0.8mm；第 1 外稃长约 1mm，卵圆形，先端钝；内稃与外稃近等长；雄蕊 2。颖果红棕色，倒卵球形。花果期 7~11 月。

• 产地与生境　见于苍南县冬瓜山屿。生于山坡草丛。

• 用途　可作牧草。

珠芽画眉草

Eragrostis cumingii Steud.

• 禾本科 **Poaceae** • 画眉草属 ***Eragrostis* Wolf**

• 形态特征　多年生草本。秆基部有鳞片包被的珠芽，直立丛生，纤细，无毛，高 20~70cm。叶鞘下部长于节间，上部则短于节间，无毛，鞘口具长柔毛；叶舌膜质或成束状毛；叶片纤细内卷，长 5~20cm，宽 1~2mm，上面近基部疏生长柔毛。圆锥花序开展，长 8~30cm，宽 4~8cm，每节 1 分枝，分枝疏，第 1 或第 2 回分枝上着生 2~3 小穗，分枝腋间无毛；小穗柄无腺点，长 0.5~1.5cm；小穗长椭圆形，长 5~13cm，含 8~20 余小花；颖披针形，具 1 脉成脊；第 1 颖长约 1mm；第 2 颖长约 1.3mm，有时具 3 脉；第 1 外稃广卵形，具 3 脉；内稃长约 1.5mm，脊上或边缘均有纤毛。颖果 0.8~1mm，椭圆形。花果期 7~11 月。

• 产地与生境　见于瑞安市铜盘山、王树段儿屿，苍南县官山岛等岛屿。生于山坡草丛。

长画眉草

Eragrostis brownii (Kunth) Nees

●**禾本科 Poaceae** ●**画眉草属 *Eragrostis* Wolf**

● 形态特征 多年生草本。秆纤细，丛生，直立或基部稍膝曲，高 15~50cm，具 3~5 节。叶鞘短于节间或与节间近等长；叶舌膜质；叶片常集生于基部，条形，内卷或平展，长 3~10cm，宽 1~3mm。圆锥花序开展或紧缩，长 3~7cm，宽 1.5~3.5cm，分枝较粗短，常不再分枝，基部密生小穗；小穗铅绿色或暗棕色，长椭圆形，长 4~15mm，含 7 至多数小花；颖卵状披针形，第 1 颖长约 1.2mm，具 1 脉；第 2 颖长约 1.8mm，具 1 脉或有时具 3 脉；外稃卵圆形，顶端锐尖，具 3 脉；内稃稍短于外稃；雄蕊 3 枚。颖果黄褐色，透明，长约 0.5mm。花果期 9~11 月。

● 产地与生境 见于洞头区东策岛、瑞安市北龙山等岛屿。生于山坡草丛。

知风草

Eragrostis ferruginea (Thunb.) P. Beauv.

• **禾本科 Poaceae** • **画眉草属 *Eragrostis* Wolf**

● 形态特征　多年生草本。秆丛生，直立或基部膝曲，高 40~60cm。叶鞘两侧极压扁，鞘口与两侧密生柔毛，脉上有腺点；叶舌退化为 1 圈短毛；叶片平展或折叠，长 30~40mm，宽 3~6mm。圆锥花序大而开展，长 20~30cm，基部常为顶生叶鞘所包，分枝单生或 2~3 聚生，腋间无毛；小穗条状长圆形，紫色至黑紫色，长 5~10mm，宽 2~2.5mm，含 7~12 小花；小穗柄长 4~10mm，在中间或中部以上生 1 腺体；颖卵状披针形，具 1 脉；第 1 颖长 1.5~2.5mm；第 2 颖长 2.5~3mm；外稃卵状披针形，第 1 外稃长约 3mm；内稃短于外稃。颖果长约 1.5mm。花果期 7~11 月。

● 产地与生境　见于洞头区本岛、大门岛，瑞安市王树段岛，苍南县官山岛等岛屿。生于地边、路边草丛中。

● 用途　优良牧草；根系发达，固土力强，可作保土固堤之用；全草药用，有舒筋散瘀的功效。

宿根画眉草

Eragrostis perennans Keng

• 禾本科 Poaceae　• 画眉草属 *Eragrostis* Wolf

• 形态特征　多年生草本。具短根状茎。秆丛生，直立而坚硬，高 50~150cm。叶鞘质较硬，鞘口密生长柔毛；叶舌膜质，长 3~5mm；叶片平展，长 15~30cm，宽 3~6mm，质硬，无毛。总状花序 10~20，长 8~15cm，组成长 20~40cm 的大型总状圆锥花序；小穗卵形，顶端尖，长 2~3mm，稍带紫色，边缘密生丝状柔毛；颖为广披针形，先端渐尖，具 1 脉；第 1 颖长约 1.6mm；第 2 颖长约 2mm；外稃长圆状披针形，先端尖，第 1 外稃长约 2.5mm，具 3 脉；内稃长约 2mm。颖果棕褐色，椭圆形。花果 7~11 月。

• 产地与生境　见于洞头区大竹峙岛、东策岛，瑞安市北龙山、大明甫、下岙岛、荔枝岛、王树段儿屿、山姜中屿，苍南县官山岛等岛屿。生于山坡或路边灌草丛。

• 用途　可作牧草。

画眉草

Eragrostis pilosa (Linn.) P. Beauv.

• **禾本科 Poaceae** • **画眉草属 *Eragrostis* Wolf**

● 形态特征　一年生草本。秆直立或自基部斜升，高 30~50cm。叶鞘多少压扁，鞘口具柔毛；叶舌退化为一圈纤毛；叶片扁平或内卷，长 5~20cm，宽 1.5~3mm，上面粗糙，下面光滑。圆锥花序长 15~25cm，分枝腋间具长柔毛；小穗成熟后呈暗绿色或稍带紫黑色，长 2~7mm，含 3~10 余朵小花；颖先端钝或第 2 颖稍尖，第 1 颖长 0.5~1mm，常无脉；第 2 颖长约 1mm，具 1 脉；外稃侧脉不明显，第 1 外稃长 1.5~2mm；内稃弓形弯曲，长约 1.5mm，迟落或宿存，脊上粗糙至具短纤毛。颖果长圆形。花果期 6~8 月。

● 产地与生境　见于苍南县官山岛。生于路边山坡灌草丛。

假俭草

Eremochloa ophiuroides (Munro) Hack.

● **禾本科 Poaceae** ● **蜈蚣草属 *Eremochloa* Buse**

● 形态特征　多年生草本。具贴地而生的横走匍匐茎。秆向上斜升，高 5~10cm。叶鞘压扁，多密集跨生于秆基，鞘口常有短毛；叶片条形，扁平，先端钝，无毛，长 3~12cm，宽 2~6mm，顶生者退化。总状花序直立或稍作镰刀状弯曲，长 4~6cm，宽约 2mm，轴节间具短柔毛。无柄小穗长圆形，覆瓦状排列于总状花序轴一侧，长约 4mm，宽约 1.5mm；第 1 颖与小穗等长，具 5~7 脉；第 2 颖略呈舟形，厚膜质，具 3 脉；第 1 外稃膜质，长圆形，几等长于颖，内稃等长于外稃而较窄；第 2 外稃短于第 1 外稃，具较窄之内稃；有柄小穗仅存的柄扁平锥形，长 3~4mm。花果期 7~11 月。

● 产地与生境　见于洞头区大竹峙岛、东策岛，瑞安市铜盘山、大明甫、荔枝岛、王树段岛，平阳县大擂山屿等岛屿。生于山坡草丛、抛荒地或路旁。

● 用途　匍匐茎强壮，蔓延力强而迅速，为优良草坪草；也可作牧草。

野黍

Eriochloa villosa (Thunb.) Kunth

- 禾本科 Poaceae　　• 野黍属 *Eriochloa* Kunth

- 形态特征　一年生草本。秆直立或基部横卧，基部分枝，高 30~100cm。叶鞘无毛或被毛，疏松裹茎，节具髭毛；叶舌具长约 1mm 纤毛；叶片扁平，长 5~25cm，宽 5~15mm。圆锥花序狭长，密生柔毛，长 7~15cm，由 4~8 枚总状花序组成，总状花序密生长柔毛，常排列于主轴之一侧；小穗卵状椭圆形，长 4.5~6mm；基盘长约 0.6mm；小穗柄极短，密生长柔毛；第 1 颖微小，短于或长于基盘；第 2 颖与第 1 外稃皆为膜质，等长于小穗，均被柔毛，前者具 5~7 脉，后者具 5 脉；第 2 外稃革质，稍短于小穗。颖果卵球形。花果期 6~11 月。
- 产地与生境　见于洞头区北爿山岛、瑞安市凤凰山、平阳县大擂山屿等岛屿。生于路边草丛或山坡草丛。
- 用途　可作饲料；谷粒含淀粉，可食用。

金茅

Eulalia speciosa (Debeaux) Kuntze

- 禾本科 **Poaceae**
- 黄金茅属 ***Eulalia* Kunth**

● 形态特征　多年生草本。须根粗壮。秆直立，高 70~100cm，通常无毛或紧接花序下部分有白色柔毛，节常被白粉。叶鞘下部者长于而上部者短于节间，基部叶鞘密生棕黄色绒毛；叶舌截平，长 1~1.5mm；叶片长 30~50cm，宽 4~7mm，扁平或边缘内卷。总状花序 5~8 枚，长 10~15cm，淡黄棕色至棕色；穗轴节间长 3~4mm，边缘具白色或淡黄色纤毛；小穗长圆形，长约 5mm，基盘具毛；第 1 颖先端稍钝，具 2 脊，脊间具 2 脉；第 2 颖舟形，具 3 脉；第 1 外稃长圆状披针形，几与颖等长，内稃缺；第 2 外稃较狭，长约 3mm，芒长约 15mm；第 2 内稃卵状长圆形，长约 2mm。花果期 9~11 月。

● 产地与生境　见于洞头区东策岛，瑞安市王树段岛、北龙山，平阳县大擂山屿等岛屿。生于山坡林下或灌草丛中。

● 用途　茎叶柔韧，供造纸和作燃料用。

大白茅（白茅）

Imperata cylindrica (Linn.) Raeuschel var. *major* (Nees) C. B. Hubb.

• **禾本科 Poaceae** • **白茅属 *Imperata* Cirillo**

- 形态特征　多年生草本。根状茎密生鳞片。秆丛生，直立，高 25~80cm，具 2~3 节，节上具长 4~10mm 柔毛。叶鞘无毛，老后在基部常破碎成纤维状；叶舌干膜质，长约 1mm；叶片扁平，长 15~60cm，宽 4~8mm，下面及边缘粗糙，主脉在下面明显突出而渐向基部变粗且质硬。圆锥花序圆柱状，长 5~25cm，宽 1.5~3cm，分枝短缩密集；小穗披针形或长圆形，长约 4mm，基盘及小穗柄均密生丝状绵毛；两颖草质及边缘膜质，近相等，第 1 颖较狭，具 3~4 脉；第 2 颖较宽，具 4~6 脉；第 1 外稃卵状长圆形，长约 1.5mm；第 2 外稃披针形，长约 1.2mm。花果期 5~11 月。
- 产地与生境　温州沿海岛屿常见。生于抛荒地、路边荒地或山坡灌草丛。
- 用途　可作牧草。

柳叶箬

Isachne globosa (Thunb.) Kuntze

● **禾本科 Poaceae** ● **柳叶箬属 *Isachne* R. Br.**

● 形态特征　多年生草本。秆直立或基部倾斜，节上生根，高30~60cm，质较柔软，节无毛。叶鞘短于节间，仅一侧边缘上部或全部具疣基毛；叶舌纤毛状，长1~2mm；叶片条状披针形，长3~10cm，宽3~9mm，先端尖或渐尖，基部钝圆或微心形，两面粗糙，边缘质较厚呈微波状。圆锥花序卵圆形，长3~10cm，分枝斜升或开展，每分枝着生1~3枚小穗，分枝、小枝及小穗柄上均具黄色腺斑；小穗椭圆状球形，长2~2.5mm；两颖近等长，草质，具6~8脉，无毛；第1小花常雄性，内外稃质地软；第2小花雌性，近球形，外稃边缘和背部常具微毛。颖果近球形。花果期5~11月。

● 产地与生境　温州沿海岛屿常见。生于山坡溪沟边或山谷湿地。

● 用途　全草可药用。

有芒鸭嘴草

Ischaemum aristatum Linn.

● 禾本科 Poaceae ● 鸭嘴草属 *Ischaemum* Linn.

● 形态特征　多年生草本。秆直立或下部膝曲，高 70~80cm。叶鞘疏生长疣基毛；叶舌干膜质，长 2~3mm；叶片条状披针形，长 5~16m，宽 4~8mm，两面被疣基毛或无毛。总状花序互相紧贴成圆柱形，长 4~6cm；穗轴节间和小穗柄外侧边缘均有白色纤毛，内侧无毛或略被茸毛。无柄小穗披针形，长 6~7mm；有柄小穗通常稍小于无柄小穗；第 1 颖先端钝或具 2 微齿，有 5~7 脉；第 2 颖等长于第 1 颖；第 1 外稃稍短于第 1 颖，具不明显的 3 脉；第 2 外稃较第 1 外稃短 1/5~1/4，2 深裂至中部，裂齿间伸出长 8~12mm 的芒，芒在中部以下膝曲。花果期 6~11 月。

● 产地与生境　温州沿海岛屿常见。生于溪沟边或山坡灌草丛。

鸭嘴草

Ischaemum aristatum Linn. var. *glaucum* (Honda) T. Koyama

• **禾本科 Poaceae** • **鸭嘴草属 *Ischaemum* Linn.**

● 形态特征　本变种与原变种有芒鸭嘴草的区别在于其总状花序轴节间和小穗柄外侧边缘粗糙而无纤毛；无柄小穗无芒或具短直芒。

● 产地与生境　温州沿海岛屿常见。生于山坡草丛或沙滩草丛。

毛鸭嘴草

Ischaemum anthephoroides (Steud.) Miq.

- 禾本科 **Poaceae**　• 鸭嘴草属 ***Ischaemum*** **Linn.**

- 形态特征　多年生草本。秆直立，疏丛生，高30~55cm，直径2~3mm，一侧有凹槽，无毛；节上具髯毛。叶鞘被柔毛；叶舌长2~4mm，上缘撕裂状；叶片条状披针形，长3~14cm，宽3~7mm，两面密被长柔毛。总状花序长6.5~8cm，穗轴节间和小穗柄被白色长柔毛；无柄小穗长约1cm；有柄小穗较无柄小穗稍短；第1颖倒长卵形，长约1cm，具5脉，背面除先端外被上柔毛；第2颖略短于第1颖，质较薄，具3~9脉；第1小花雄性，内、外稃均为膜质；第2小花两性或雌性，与第1小花近等长，外稃先端2齿裂，齿间具芒；内稃卵形，先端具长喙。花果期10~11月。
- 产地与生境　见于洞头区大竹峙岛，瑞安市大叉山、荔枝岛、王树段岛、王树段儿屿、小叉山，苍南县外圆山仔屿。生于山坡灌草丛或海滩草丛。
- 用途　优良的固沙植物；还可作牧草。

粗毛鸭嘴草

Ischaemum barbatum Retz.

● **禾本科 Poaceae**　● **鸭嘴草属 *Ischaemum* Linn.**

● 形态特征　多年生草本。秆直立或基部膝曲，较粗壮，高30~100cm，节常被白色髯毛。叶鞘无毛或密生柔毛；叶舌明显，长2~5mm；叶片条状或狭披针形，长5~30cm，宽3~8mm，两面常密生柔毛。总状花序长4~10cm；穗轴节间三棱形，棱上有纤毛；无柄小穗长5~7mm；第1颖无毛，常有2~4条横穿背部的皱纹；第2颖等长于第1颖，硬纸质；第1小花雄性；第1外稃舟形，与内稃等长；第2小花两性，外稃透明膜质，2深裂，裂齿间伸出长12~14mm的芒；有柄小穗与无柄者相似，较后者稍短。颖果卵形。花果期10~11月。

● 产地与生境　见于苍南官山岛。生于路边草丛。

● 用途　植株幼嫩时可作饲料。

细毛鸭嘴草

Ischaemum ciliare Retz.

• **禾本科 Poaceae** • **鸭嘴草属 *Ischaemum* Linn.**

• 形态特征　多年生草本。秆直立或基部平卧至斜升，直立部分高 40~50cm，节上密被白色髯毛。叶鞘疏生疣基毛；叶舌膜质，长约 1mm，上缘撕裂状；叶片条形，长 6~12cm，宽 0.5~1cm，两面被疏毛。总状花序长 5~7cm，轴节间和小穗柄的棱上均有长纤毛；无柄小穗倒卵状长圆形；第 1 颖革质，长 4~5mm，先端具 2 齿，背面上部具 5~7 脉，下部光滑无毛；第 2 颖较薄，舟形，等长于第 1 颖，边缘有纤毛；第 1 小花雄性；第 2 小花两性，外稃较短，先端 2 深裂至中部，裂齿间着生膝曲的芒；有柄小穗具膝曲芒。花果期 7~11 月。

• 产地与生境　见于洞头区大竹峙岛，瑞安市长大山，苍南县冬瓜山屿、外圆山仔屿。生于溪沟或山坡疏林下或路边灌草丛。

• 用途　植株幼嫩时可作饲料。

千金子

Leptochloa chinensis (Linn.) Nees

• **禾本科 Poaceae** • **千金子属 *Leptochloa* P. Beauv.**

- 形态特征　一年生草本。秆直立或基部膝曲或倾斜，高 30~90cm。叶鞘无毛，大多短于节间；叶舌膜质，常撕裂成小纤毛；叶片扁平或多少卷折，先端渐尖，长 5~25cm，宽 2~6mm。圆锥花序长 10~30cm，分枝及主轴均微粗糙；小穗多带紫色，长 2~4mm，含 3~7 小花；颖具 1 脉，脊上粗糙，第 1 颖较短而狭窄，长 1~1.5mm；第 2 颖长 1.2~1.8mm；外稃顶端钝，无毛或下部被微毛，第 1 外稃长约 1.5mm。颖果长圆球形。花果期 7~11 月。
- 产地与生境　见于瑞安市长大山、王树段岛、山姜屿。生于田边草丛或路边草丛。
- 用途　可作牧草。

淡竹叶

Lophatherum gracile Brongn.

● 禾本科 Poaceae　● 淡竹叶属 *Lophatherum* Brongn.

● 形态特征　多年生草本。须根中部膨大呈纺锤形小块根。秆直立，高 40~80cm，具 5~6 节。叶鞘平滑或外侧边缘具纤毛；叶舌质硬，长 0.5~1mm；叶片披针形，长 6~20cm，宽 1.5~2.5cm，具横脉。圆锥花序长 12~25cm，分枝斜升或开展，长 5~12cm；小穗线状披针形，长 7~12mm，宽 1.5~2mm；颖顶端钝，具 5 脉，边缘膜质，第 1 颖长 3~4.5mm；第 2 颖长 4.5~5mm；第 1 外稃宽约 3mm，具 7 脉，顶端具尖头，内稃较短；不育外稃向上渐狭小，顶端具长约 1.5mm 的短芒。颖果长椭圆形。花果期 7~10 月。

● 产地与生境　见于乐清市大乌岛，瑞安市北龙山、长大山、王树段岛，平阳县大擂山屿，苍南县官山岛等岛屿。生于山坡、山谷林下。

● 用途　叶为清凉解热药；小块根也可作药用。

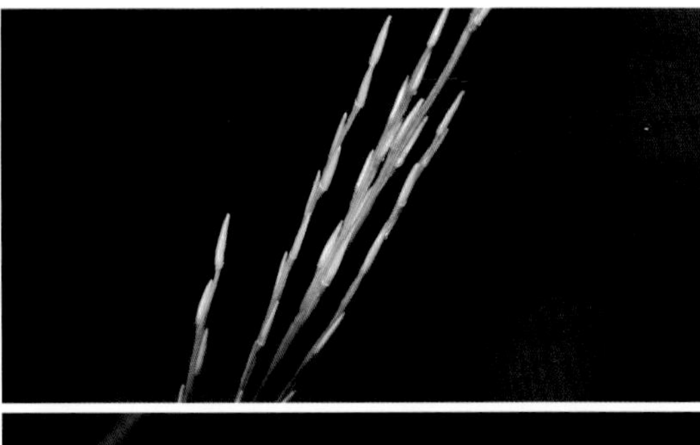

柔枝莠竹

Microstegium vimineum (Trin.) A. Camus

• 禾本科 Poaceae　• 莠竹属 *Microstegium* Nees

● 形态特征　一年生草本。秆细弱，披散，高 60~80cm，一侧常有沟。叶鞘短于节间，上部叶鞘内常有隐藏小穗；叶舌膜质，长约 0.5mm；叶片条状披针形，长 3~8cm，宽 5~10mm，边缘粗糙，主脉在上面呈绿白色。总状花序 2~3 枚，稀 1 枚，长 4~6cm；穗轴节间长 3~5mm，边缘具纤毛；孪生小穗 1 有柄，1 无柄，长 4~6mm，基盘有少量短毛；第 1 颖披针形，上部具 2 脊，脊上有小纤毛，脊间有 2~4 脉，脉在先端网状汇合；第 1 花有时有雄蕊，有时内稃也缺；第 2 外稃极狭，先端延伸成小尖头或芒，芒下部扭卷。花果期 9~11 月。

● 产地与生境　见于洞头区本岛、大门岛，瑞安市铜盘山、北龙山，平阳县大擂山屿、柴峙岛，苍南县东星仔岛、官山岛等岛屿。生于地边、路边草丛或阴湿的疏林下。

● 用途　可作牧草。

五节芒

Miscanthus floridulus (Labill.) Warb. ex K. Schum. et Lauterb.

• **禾本科 Poaceae** • **芒属 *Miscanthus* Andersson**

• 形态特征　多年生高大草本。具发达根状茎。秆高 1~2.5m，无毛，节下具白粉。叶鞘无毛或边缘及鞘口有纤毛；叶舌长 1~3mm；叶片条形，长 30~80cm，宽 10~25mm，边缘有锋利细锯齿。圆锥花序长 30~50cm，主轴粗壮，延伸达花序的 2/3 以上，或延伸几达花序顶端；总状花序细弱；小穗卵状披针形，长 3~3.5mm，基盘具较长于小穗的丝状柔毛；小穗柄无毛，顶端膨大；第 1 颖无毛，顶端有 2 微齿；第 2 颖舟形，顶端渐尖，具 3 脉；第 1 外稃长圆状披针形，稍短于颖，无芒；第 2 外稃先端具 2 微齿，芒自齿间伸出，长 5~11mm，膝曲，内稃微小或缺；雄蕊 3。花果期 6~9 月。

• 产地与生境　温州沿海岛屿常见。生于山坡、沟边、抛荒地和疏林下。

• 用途　幼叶可作饲料；秆可作造纸原料；全株可作生物质能源植物发电；根状茎可药用，有利尿的功效。

芒

Miscanthus sinensis Andersson

- 禾本科 Poaceae　　● 芒属 *Miscanthus* Andersson

● 形态特征　多年生苇状草本。秆高 80~200cm。叶鞘长于节间，除鞘口有长柔毛外其余均无毛；叶舌膜质，长 1~2mm，先端具纤毛；叶片条形，长 20~60cm，宽 5~15mm，边缘具细锯齿。圆锥花序扇形，长 15~40cm，主轴无毛，延伸至花序的中部以下；总状花序较粗硬而直立；每节具 1 短柄和 1 长柄小穗；小穗披针形，长 4~5.5mm，基盘具白色或淡黄色的丝状毛；小穗柄无毛，顶端膨大；第 1 颖先端渐尖，具 3 脉；第 2 颖舟形，边缘具小纤毛；第 1 外稃长圆披针形，长约 4mm，边缘具纤毛；第 2 外稃较窄，较颖短 1/3，先端 2 齿间伸出一长 8~10mm 的芒，芒膝曲。花果期 8~11 月

● 产地与生境　温州沿海岛屿常见。生于山坡、疏林下或灌草丛中。

● 用途　嫩茎叶可作饲料；秆纤维用途较广，作造纸原料等；还可用作园林绿化观赏植物。

山类芦

Neyraudia montana Keng

● 禾本科 Poaceae　● 类芦属 *Neyraudia* Hook. f.

● 形态特征　多年生草本，密丛生。具向下伸展的根状茎。秆直立，草质，高 40~80cm，直径 2~3mm，基部宿存枯萎的叶鞘，具 4~5 节。叶鞘疏松裹茎，短于节间，上部者平滑无毛，基部者密生柔毛；叶舌长约 2mm，密生柔毛；叶片内卷，长 50~60cm，宽 5~7mm，光滑或上面具柔毛。圆锥花序长 30~50cm，分枝向上斜升；小穗长 7~10mm，含 3~6 小花，第 1 小花为两性；颖长 4~5mm，顶端渐尖或呈锥状；外稃长 5~6mm，具 3 脉，近边缘生短柔毛，先端有短芒，芒长 1~2mm，基盘具长约 2mm 的柔毛；内稃稍短于其外稃。花果期 8~11 月。

● 产地与生境　见于平阳县柴峙岛。生于山坡或山坡岩石壁上。

● 用途　叶具很强韧性，可用于制绳索。

类芦

Neyraudia reynaudiana (Kunth) Keng ex Hitchc.

- 禾本科 **Poaceae**　• 类芦属 ***Neyraudia* Hook. f.**

- 形态特征　多年生灌木状草本。秆直立，木质化，高达 2.5m，直径 3~8mm，节间被白粉。叶鞘紧密抱茎；叶舌密生柔毛；叶片条形，长 30~70cm，宽 4~10mm，先端渐尖，无毛或上面生柔毛。圆锥花序长 30~50cm，分枝细长，开展或下垂；小穗长 7~10mm，含 4~9 花；颖片短小，无毛；第 1 小花中性，仅存无毛之外稃，外稃长 4~5mm，先端具长 1~2mm 向外反曲的短芒，边脉上有白色长柔毛；内稃短于外稃，透明膜质。花果期 7~11 月。
- 产地与生境　见于乐清西门岛、瑞安市荔枝岛。生于路边或山坡。
- 用途　可用于固堤；也可用于边坡绿化。

求米草

Oplismenus undulatifolius (Ard.) P. Beauv.

- **禾本科 Poaceae**　　• **求米草属 *Oplismenus* P. Beauv.**

- 形态特征　一年生草本。秆较纤细，基部匍匐，节处生根，上升部分高 20~50cm。叶鞘短于或上部者长于节间，密被疣基毛；叶舌膜质；叶片披针形至卵状披针形，长 2~8cm，宽 5~15mm，皱缩不平，基部略圆形而不对称，通常具细毛。圆锥花序长 2~10cm，主轴密被疣基长刺毛；分枝短缩，有时下部的分枝延伸长达 2cm；小穗卵圆形，被硬刺毛，长 3~4mm，簇生于主轴或分枝的一侧，近顶端处孪生；颖草质，第 1 颖长约为小穗的 1/2，具 3~5 脉，具长 2~5mm 硬直芒，芒端具腺体，分泌黏液；第 2 颖较长于第 1 颖，顶端芒长 2~5mm，具 5 脉；第 1 外稃与小穗等长，具 7~9 脉，顶端芒长 1~2mm，内稃通常缺；第 2 外稃革质，边缘包卷同质的内稃。花果期 7~11 月。
- 产地与生境　见于洞头区大竹峙岛、北爿山岛、青山岛，瑞安市凤凰山、长大山、王树段岛，平阳县柴峙岛、大擂山屿等岛屿。生于阴湿山坡林下或沟谷边草丛。
- 用途　可作牧草。

狭叶求米草

Oplismenus undulatifolius (Ard.) P. Beauv. var. *imbecillis* (R. Br.) Hack.

- **禾本科 Poaceae** - **求米草属 *Oplismenus* P. Beauv.**

- 形态特征　与原变种求米草的主要区别在于本变种秆纤细；叶鞘光滑无毛或边缘有纤毛；叶片狭披针形或线状披针形，无毛或被微毛，长 4~8cm，宽 5~12mm；花序轴及穗轴无毛，小穗疏生毛。花果期 8~10 月。
- 产地与生境　见于瑞安市北龙山。生于山坡阴湿的林下。

糠稷

Panicum bisulcatum Thunb.

● **禾本科 Poaceae**　● **黍属 *Panicum* Linn.**

● 形态特征　一年生草本。秆直立或基部伏地，高 50~100cm，节上生根。叶鞘松弛，边缘被毛；叶舌膜质，长约 0.5mm，先端具纤毛；叶片质薄，狭条状披针形，长 5~20cm，宽 3~15mm，先端渐尖，基部近圆形，几无毛或上面疏生柔毛。圆锥花序开展，长 15~30cm，分枝纤细，倾斜或平展，无毛；小穗稀疏着生于分枝上部，椭圆形，长 2~3mm，绿色或有时带紫色，具柄；第 1 颖近三角形，长约为小穗的一半，具 1~3 脉，基部略包卷小穗；第 2 颖与第 1 外稃同形且等长，具 5 脉，先端尖；第 1 小花内稃缺；第 2 小花外稃椭圆形，长约 1.8mm，先端尖，表面平滑光亮，成熟时黑褐色。花果期 9~11 月。

● 产地与生境　见于洞头区本岛、大门岛等岛屿。生于潮湿抛荒地或路边草丛。

● 用途　可作饲料；也是农田常见杂草。

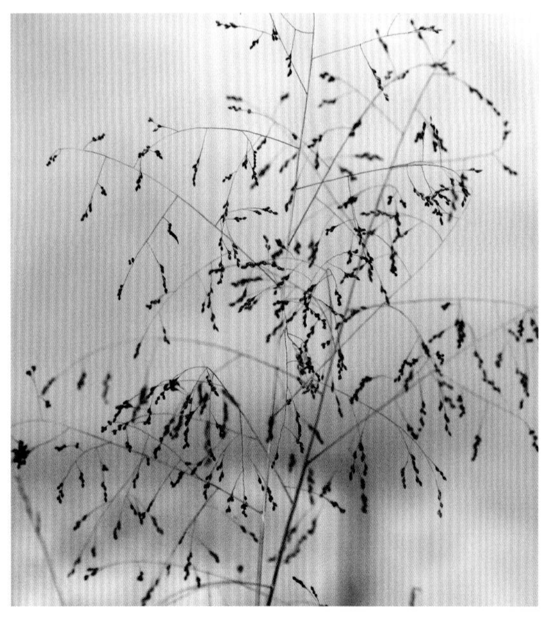

铺地黍

Panicum repens Linn.

• 禾本科 **Poaceae** • 黍属 ***Panicum*** **Linn.**

● 形态特征　多年生草本。具粗壮匍匐的根茎。秆直立，坚挺，高 50~100cm。叶鞘光滑，边缘被纤毛；叶舌长约 0.5mm，先端被纤毛；叶片条形，质硬，长 10~25cm，宽 2.5~5mm，干时常内卷。圆锥花序开展，长 5~20cm；分枝斜上，粗糙，具棱槽，下部裸露；小穗长圆形，长约 3mm，无毛，先端尖；第 1 颖薄膜质，长约为小穗的 1/4，包卷小穗基部；第 2 颖约与小穗等长，具 7~9 脉；第 1 小花雄性，外稃与第 2 颖等长；内稃膜质，约与外稃等长；第 2 小花两性，长圆形，长约 2mm。颖果椭圆形，淡棕色。花果期 5~11 月。

● 产地与生境　温州沿海岛屿常见。生于田边、路边、海边沙滩、山坡潮湿草丛。

● 用途　根系发达，繁殖力强，可作高产牧草；也是难除杂草。

双穗雀稗

Paspalum distichum Linn.

● **禾本科 Poaceae** ● **雀稗属 *Paspalum* Linn.**

● 形态特征　多年生草本。匍匐茎粗壮，长达 1m，直立部分高达 50cm，节上被毛。叶鞘松弛，短于节间，背部具脊，边缘或上部被柔毛；叶舌膜质，长 2~3mm，无毛；叶片披针形，长 5~15cm，宽 3~7mm，无毛，质地柔软。总状花序 2 枚对生，张开呈叉状，长 3~6cm；小穗单生，倒卵状长圆形，长 3~3.5mm，成 2 行排列；第 1 颖缺或微小；第 2 颖膜质，背面被微毛，边缘无毛，具明显的中脉；第 1 外稃与第 2 颖同质同形；第 2 外稃革质，等长于小穗，先端具少数细毛。花果期 5~10 月。

● 产地与生境　见于洞头区本岛、大门岛、官财屿、北小门岛，瑞安市王树段岛等岛屿。生于水沟边或潮湿草丛。

● 用途　可作饲料，为优良牧草；也是常见杂草。

长叶雀稗

Paspalum longifolium Roxb.

● 禾本科 **Poaceae** ● 雀稗属 ***Paspalum* Linn.**

● 形态特征 多年生草本。秆单生或丛生，直立，高 60~100cm。叶鞘长于节间，背部具脊，边缘生疣基长柔毛；叶舌膜质，长 1~2mm，具白色纤毛；叶片条状披针形，长 20~50cm，宽 5~9mm，质较厚，两面平滑而边缘粗糙。总状花序长 4~8cm，4~8 枚互生于花序轴上，分枝腋间常具长柔毛；穗轴宽 2~3mm，边缘微粗糙；小穗孪生，宽倒卵形，长 2~2.5mm，成 4 行排列于穗轴一侧；第 2 颖与第 1 外稃被卷曲的细毛，具 3 脉；第 2 外稃倒卵形，与小穗等长，先端钝，表面细点状，粗糙。花果期 6~10 月。

● 产地与生境 见于乐清市扁鳗屿，洞头区本岛、大门岛、大竹峙岛、东策岛，瑞安市铜盘山、大明甫、内长屿，苍南县官山岛、冬瓜山屿等岛屿。生于路旁、林缘或山坡灌草丛中。

● 用途 可作牧草。

圆果雀稗

Paspalum scrobiculatum Linn. var. *orbiculare* (G. Forst.) Hack.

• **禾本科 Poaceae** • **雀稗属 *Paspalum* Linn.**

● 形态特征　多年生草本。秆直立或基部倾卧地面，高 20~80cm。叶鞘压扁成脊，无毛，鞘口有少数长柔毛；叶舌膜质，长 0.5~1mm；叶片长披针形至条形，长 10~20cm，宽 3~10mm，扁平或卷折，质较硬，除近叶舌处具柔毛外其余均无毛。总状花序长 3~10cm，3~4 枚排列于长 2~6cm 的主轴上；穗轴宽 1.5~2mm，边缘微粗糙；小穗椭圆形或倒卵形，长 2~2.5mm，单生于穗轴一侧，覆瓦状排列成 2 行；中部小穗常孪生，宽倒卵形，长约 2mm；第 2 颖与第 1 外稃等长，具 3 脉；第 2 外稃等长于小穗，成熟后黄褐色，革质，有光泽，具细点状粗糙。花果期 5~11 月。

● 产地与生境　见于洞头区本岛、大门岛、大竹峙岛、东策岛、青山岛，瑞安市铜盘山、北龙山、荔枝岛、王树段儿屿、小峙山，苍南县官山岛、大擂山屿等岛屿。原变种鸭毑草浙江不产。生于抛荒地、田边或山坡草丛。

● 用途　可作牧草。

雀稗

Paspalum thunbergii Kunth ex Steud.

● **禾本科 Poaceae** ● **雀稗属 *Paspalum* Linn.**

● 形态特征　多年生草本。秆直立，常丛生稀单生，高 50~100cm，节被长柔毛。叶鞘松弛具脊，常聚集于秆基作跨生状，被柔毛，长于节间；叶舌膜质，褐色，长 0.5~1.5mm；叶片条形，长 10~25cm，宽 5~9mm，两面被柔毛，边缘粗糙。总状花序 3~6 枚，长 5~10cm，互生于长 3~8cm 的主轴上，分枝腋间具长柔毛；小穗单生，椭圆状倒卵形，长 2.5~3mm，宽约 2.2mm，成 2~4 行排列，同行的小穗彼此常多少分离，绿色或带紫色；第 2 颖与第 1 外稃相等，膜质，具 3 脉，边缘有明显微柔毛；第 2 外稃等长于小穗，革质，卵状圆形，表面细点状，粗糙。花果期 5~11 月。

● 产地与生境　温州沿海岛屿常见。生于田边、路边草丛或山坡灌草丛。

● 用途　可作牧草。

丝毛雀稗

Paspalumurvillei Steud.

●**禾本科 Poaceae**　●**雀稗属 *Paspalum* Linn.**

● 形态特征　多年生草本。根状茎短。秆丛生，直立，高 50~150cm。叶鞘密被糙毛，鞘口具长柔毛；叶舌长 3~5mm；叶片披针状条形，长 15~30cm，宽 5~15mm，无毛或基部具毛。总状花序 10~20 枚，长 8~15cm，组成大型圆锥花序；小穗卵形，先端尖，长 2~3mm，边缘密生丝状柔毛；第 2 颖与第 1 外稃同形且等长，具 3 脉，侧脉位于边缘；第 2 外稃椭圆形，革质，平滑。花果期 5~10 月。

● 产地与生境　原产南美洲，全世界温暖地区有归化。见于洞头区本岛。生于路边草丛。

狼尾草

Pennisetum alopecuroides (Linn.) Spreng.

• 禾本科 Poaceae • 狼尾草属 *Pennisetum* Rich.

● 形态特征 多年生草本。须根较粗壮。秆直立，丛生，高30~90cm，在花序下常密生柔毛。叶鞘光滑，两侧压扁，在基部者跨生状；叶舌短小，具长约2.5mm的一圈纤毛；叶片条形，长10~50cm，宽3~6mm，通常内卷，基部生疣毛。圆锥花序直立，紧密呈圆柱状，长5~25cm；主轴硬，密生柔毛；刚毛长2~3cm，具向上微小糙刺，成熟后常呈黑紫色；小穗通常单生，偶有双生，披针形，长6~9mm；颖草质，第1颖微小或缺；第2颖卵形，长为小穗的1/3~2/3，具3~5脉；第1小花中性，外稃与小穗等长，具7~11脉；第2小花两性，外稃与小穗等长，披针形，具5脉，边缘包着同质的内稃。颖果长圆形，长约3.5mm。花果期6~12月。

● 产地与生境 见于洞头区本岛、大门岛、大竹峙岛，瑞安市大明甫、下岙岛，平阳县大擂山屿、柴峙岛，苍南县官山岛等岛屿。生于田边或路边荒地。

● 用途 可作饲料；也是编织或造纸原料；还可用作固堤防沙植物。

束尾草

Phacelurus latifolius (Steud.) Ohwi

• 禾本科 **Poaceae** • 束尾草属 ***Phacelurus* Griseb.**

• 形态特征　多年生高大草本。根茎粗壮发达，直径约 4mm。秆直立，高 1~1.8m，直径 3~5mm，节上常有白粉。叶鞘无毛；叶舌厚膜质，长约 3mm；叶片条状披针形，质稍硬，长可达 40cm，宽 1.5~3cm。总状花序 4~10 枚，呈指状排列于秆顶；总状花序轴节间及小穗柄均等长于或稍短于无柄小穗；无柄小穗披针形，长 8~10mm，嵌生于总状花序轴节间与小穗柄之间；第 1 颖革质，边缘内折，两脊上缘疏生细刺；第 2 颖舟形；第 1 小花雄性；第 2 小花两性；有柄小穗稍短于无柄小穗，两侧压扁。颖果披针形，长约 4mm。花果期 9~11 月。

• 产地与生境　见于苍南县琵琶山。生于海边草丛。

• 用途　秆叶可供盖草屋、作燃料。

芦苇

Phragmites australis (Cav.) Trin. ex Steud.

• 禾本科 Poaceae　• 芦苇属 *Phragmites* Adans.

- 形态特征　多年生草本。根状茎发达。秆直立，高 1~3m，直径 5~10mm，具 20 多节，节下具白粉。叶鞘圆筒形；叶舌极短，先端为 1 圈纤毛；叶片披针状条形或宽条形，长 20~50cm，宽 2~5cm，光滑或边缘粗糙。圆锥花序大型，长 20~40cm，宽约 10cm，微下垂，分枝多数，长 5~20cm，着生稠密下垂的小穗，下部枝腋间具白色柔毛；小穗长 12~16mm，含 4~7 花；颖具 3 脉，第 1 颖长 3~7mm；第 2 颖长 6~11mm；第 1 小花常为雄性，外稃长 8~15mm，内稃长 3~4mm；第 2 外稃与第 1 外稃近等长，先端长渐尖，具长柔毛，内稃长约 3.5mm，2 脊粗糙。花果期 8~11 月。
- 产地与生境　温州沿海岛屿常见。生于海滩、沟渠沿岸或潮湿地。
- 用途　固堤造陆先锋植物；根状茎供药用；茎、叶嫩时作饲料；秆为造纸原料或作编席织帘及建棚材料；花序可作扫帚。

白顶早熟禾

Poa acroleuca Steud.

• 禾本科 Poaceae　• 早熟禾属 *Poa* Linn.

• 形态特征　一年生或二年生草本。秆直立或斜升，高 30~50cm，具 3~4 节。叶鞘闭合，平滑无毛，顶生叶鞘短于其叶片；叶舌膜质，长 0.5~1mm；叶片质地柔软，长 7~15cm，宽 2~5mm。圆锥花序金字塔形，长 10~20cm；分枝 2~5 枚着生于各节，细弱，基部分枝长 3~10cm，中部以下裸露；小穗卵圆形，含 2~4 小花，长 2.5~3.5mm，灰绿色；颖披针形，质薄，具狭膜质边缘；第 1 颖长 1.5~2mm，具 1 脉；第 2 颖长 2~2.5mm，具 3 脉；外稃长圆形，顶端钝，基盘具绵毛；第 1 外稃长 2~3mm；内稃较短于外稃，脊具细长柔毛。颖果纺锤形。花果期 3~6 月。

• 产地与生境　见于洞头区本岛、大门岛，瑞安市北龙山。生于路边草丛中。

• 用途　可作牧草。

棒头草

Polypogon fugax Nees ex Steud.

● **禾本科 Poaceae** ● **棒头草属 *Polypogon* Desf.**

● 形态特征　一年生草本。秆丛生，基部膝曲，高 20~60cm。叶鞘光滑无毛；叶舌膜质，长圆形，长 3~8mm；叶片扁平，长 5~15cm，宽 3~5mm。圆锥花序长 4~15cm，开花时分枝开展，花后分枝收拢成穗状，具缺刻或有间断；小穗长约 2.5mm，灰绿色或部分带紫色；颖长圆形，疏被短纤毛，先端 2 浅裂，芒从裂口处伸出，细直，长 1~3mm；外稃光滑，长约 1mm，先端具微齿，中脉延伸成长约 2mm 而易脱落的芒。颖果椭圆形，一面扁平，长约 1mm。花果期 4~6 月。

● 产地与生境　见于洞头区北爿山岛、南爿山岛、北小门岛、乌星岛、三星礁，瑞安市小叉山、小峙山，苍南县琵琶山、外圆山仔屿等岛屿。生于路边荒地、沟边潮湿处。

● 用途　可作牧草。

长芒棒头草

Polypogon monspeliensis (Linn.) Desf.

● **禾本科 Poaceae**　● **棒头草属 *Polypogon* Desf.**

● 形态特征　一年生草本。秆直立或基部膝曲，具4~5节，高8~60cm。叶鞘松弛抱茎；叶舌膜质，长2~8mm，2深裂或呈不规则的撕裂状；叶片长5~13cm，宽4~8mm。圆锥花序穗状，长5~10cm，宽8~20mm，开花时分枝开展，花后分枝收拢成不间断穗状；小穗淡灰绿色，成熟后枯黄色，长2~2.5mm；颖片倒卵状长圆形，先端2浅裂，自裂口处伸出长3~7mm的芒；外稃光滑无毛，长1~1.2mm，先端具微齿，中脉延伸成约与稃体等长而易脱落的细芒。颖果倒卵状长圆形，长约1mm。花果期4~6月。

● 产地与生境　见于洞头区本岛、苍南县星仔岛。生于路边潮湿荒地或山坡潮湿处。

● 用途　可作牧草。

竖立鹅观草（细叶鹅观草）

Roegneria ciliaris (Trin.ex Bunge) Nevski var. *hackliana* (Honda) L. B. Cai

● **禾本科 Poaceae** ● **鹅观草属 *Roegneria* K. Koch.**

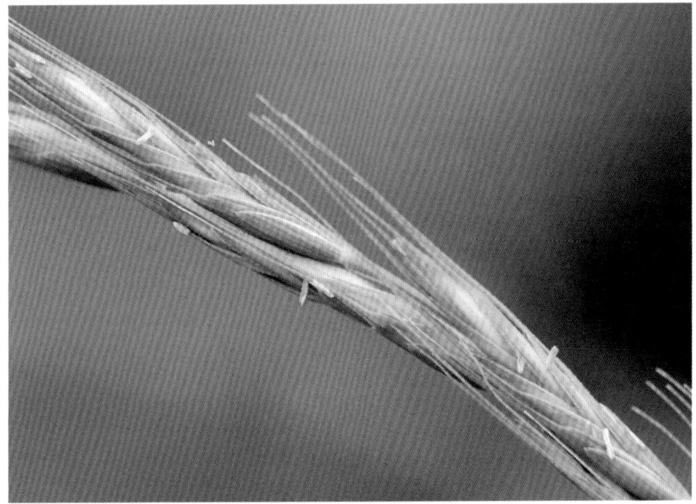

● 形态特征　多年生草本。秆直立，高 50~90cm。叶片条形，扁平，长 10~25cm，宽约 9mm，上面及边缘粗糙，下面较平滑。穗状花序直立或曲折稍下垂，长 10~20cm；小穗长 15~17mm，含 7~9 花；颖椭圆状披针形，边缘不具纤毛；第 1 颖长 6~7mm，第 2 颖长 7~8mm；外稃长圆状披针形，边缘具短纤毛，背部粗糙，稀具短毛，具明显 5 脉，第 1 外稃长 8~9mm，芒粗糙、反曲，长 1.5~2.5cm；内稃长约为外稃的 2/3，倒卵状椭圆形。花果期 5~6 月。

● 产地与生境　见于洞头区本岛、大门岛、鸭屿岛、乌星岛等岛屿。生于山坡、路边。

● 用途　优良牧草。

鹅观草

Roegneria kamoji (Ohwi) Keng et S. L. Chen

• 禾本科 Poaceae　• 鹅观草属 *Roegneria* K. Koch.

• 形态特征　多年生草本。秆直立或基部倾斜，高 30~100cm。叶鞘长于节间或上部的较短，外侧边缘常具纤毛；叶舌纸质；叶片扁平，长 5~30cm，宽 3~15mm。穗状花序长 10~20cm，弯曲或下垂，穗轴边缘粗糙或具小纤毛；小穗长 15~20mm，含 3~10 花；颖卵状披针形或长圆状披针形，先端锐尖至具短芒，边缘膜质，具 3~5 脉，诸脉彼此疏离；第 1 颖长 4~7mm；第 2 颖长 5~10mm；第 1 外稃披针形，长 7~11mm，具有宽膜质边缘，背部光滑无毛或微粗糙，芒劲直或上部稍有曲折，长 2~4cm；内稃约与外稃等长，脊显著具翼。花果期 4~6 月。

• 产地与生境　见于洞头区本岛、大门岛、南爿山岛，平阳县上头屿等岛屿。生于山坡和湿润草地。

• 用途　优良牧草。

囊颖草

Sacciolepis indica (Linn.) Chase

- 禾本科 Poaceae　　- 囊颖草属 *Sacciolepis* Nash

- **形态特征**　一年生草本，通常丛生。秆直立或基部基膝曲，高 20~80cm。叶鞘具棱脊，短于节间，无毛；叶舌膜质，长 0.2~0.5mm；叶片条形，长 5~20cm，宽 2~5mm。圆锥花序紧缩成圆柱状，长 3~15cm，宽 3~5mm；小穗卵状披针形，长 2~2.5mm；第 1 颖为小穗长的 1/3~2/3，通常具 3 脉，基部包裹小穗；第 2 颖背部弓弯，基部囊状，与小穗等长，通常 9 脉；第 1 外稃等长于第 2 颖，通常 9 脉；第 1 内稃退化或短小，透明膜质；第 2 外稃平滑而光亮，长约为小穗的 1/2。颖果椭圆形，长约 0.8mm。花果期 6~10 月。
- **产地与生境**　见于洞头区本岛、大门岛、东策岛，瑞安市北龙山，平阳县南麂岛，苍南县官山岛等岛屿。生于抛荒地、田边、路边草丛或沟边潮湿地。

大狗尾草

Setaria faberi R. A. W. Herrm.

• **禾本科 Poaceae** • **狗尾草属 *Setaria* P. Beauv.**

• 形态特征　一年生草本。秆直立或基部膝曲，有支柱根，高 50~120cm，直径 3~6mm，光滑无毛。叶鞘松弛，边缘常有细纤毛；叶舌膜质，具长 1~2mm 的纤毛；叶片条状披针形，长 10~30cm，宽 5~15mm，无毛或上面具较细疣毛。圆锥花序紧缩呈圆柱状，下垂，长 5~20cm，宽 6~10mm，主轴具较密长柔毛；小穗椭圆形，长约 3mm，先端尖；小穗轴脱节于颖之下；刚毛多数，粗糙，长 5~15mm；第 1 颖长为小穗的 1/3~1/2，宽卵形，具 3 脉；第 2 颖长为小穗的 3/4 或稍短于小穗，具 5 脉；第 1 外稃与小穗等长，具 5 脉，内稃膜质；第 2 外稃与第 1 外稃等长，具细横皱纹，成熟后背部极膨胀隆起。颖果椭圆形，先端尖。花果期 5~10 月。

• 产地与生境　温州沿海岛屿常见。生于抛荒地、山坡、路旁、水沟边。

• 用途　秆、叶可作牲畜饲料；也是常见杂草。

棕叶狗尾草

Setaria palmifolia (J. Koenig) Stapf

• 禾本科 **Poaceae** • 狗尾草属 ***Setaria* P. Beauv.**

• 形态特征　多年生草本。具根状茎，须根较坚韧。秆直立或基部稍膝曲，高达1.5m，具支柱根。叶鞘松弛，具疣基毛；叶舌长约1mm，具长纤毛；叶片纺锤状宽披针形，长20~60cm，宽3~8cm，具纵深皱折，基部窄缩呈柄状，两面具疣基毛或无毛，近基部边缘有长的疣基毛。圆锥花序呈开展的塔形，长20~60cm，分枝排列疏松；小穗卵状披针形，长3.5~4mm，紧密或稀疏排列于小枝的一侧，部分小穗下托1枚刚毛，刚毛长5~15mm；第1颖三角状卵形，长为小穗的1/3~1/2，具3~5脉；第2颖长为小穗的1/2~3/4，具5~7脉；第1小花雄性或中性，外稃等长或略长于小穗，具5脉；第2小花两性，外稃等长或稍短于第1外稃。颖果卵状披针形。花果期6~12月。

• 产地与生境　见于瑞安市铜盘山、凤凰山、长大山、王树段岛，苍南县东星仔岛、琵琶山等岛屿。生于溪沟、山脚林下或灌草丛中。

• 用途　颖果含丰富淀粉，可供食用；根可药用。

皱叶狗尾草

Setaria plicata (Lamk.) T. Cooke

• **禾本科 Poaceae** • **狗尾草属 *Setaria* P. Beauv.**

• 形态特征　多年生草本。秆直立或基部倾斜于地面，高 40~110cm，直径 3~5mm。叶鞘具脊，鞘口和边缘常具纤毛；叶舌边缘密生长 1~2mm 的纤毛；叶片质薄，椭圆状披针形或条状披针形，长 10~40cm，宽 1~3cm，具较浅的纵向皱折，基部渐狭成柄状，两面或下面疏具疣基毛。圆锥花序狭长圆形，长 15~30cm，分枝斜向上升，长 1~10cm；小穗卵状披针形，长 3~4mm，着生于小枝一侧，部分小穗下托 1 枚刚毛，刚毛长 1~2cm，有时不显著；颖薄纸质；第 1 颖宽卵形，长为小穗的 1/4~1/3，具 3 脉；第 2 颖长为小穗的 1/2~3/4，具 5~7 脉；第 1 小花通常中性，第 1 外稃具 5 脉，内稃膜质，具 2 脉；第 2 小花两性，第 2 外稃等长或稍短于第 1 外稃，具明显的横皱纹。颖果狭长卵形，先端具硬而小的尖头。花果期 6~10 月。

• 产地与生境　见于洞头区本岛、大门岛，瑞安市北龙山、长大山、王树段岛等岛屿。生于阴湿的沟谷、山坡林下，或路边灌草丛。

• 用途　可作牧草；果实成熟时，可供食用。

金色狗尾草

Setaria pumila (Poir.) Roem. et Schult.

• 禾本科 **Poaceae** • 狗尾草属 ***Setaria*** **P. Beauv.**

• 形态特征　一年生草本。秆直立或基部倾斜膝曲，近地面节上生根，高 30~90cm。叶鞘下部压扁具脊，上部为圆形，光滑无毛；叶舌具 1 圈长约 1mm 的纤毛；叶片条状披针形或狭披针形，长 12~40cm，宽 3~8mm。圆锥花序紧密呈圆柱状或狭圆锥状，长 3~15cm，直立，主轴被微毛；小穗轴脱节于颖下；小穗长约 3mm，先端尖，通常在一簇中仅 1 枚发育；刚毛多数，金黄色或稍带褐色，粗糙；第 1 颖宽卵形，长为小穗的 1/3~1/2，具 3 脉；第 2 颖长约为第 2 外稃的 1/2，具 5~7 脉；第 1 外稃与小穗等长或微短，具 5 脉；第 2 外稃革质，先端尖，成熟时有明显的横皱纹。花果期 6~10 月。

• 产地与生境　温州沿海岛屿常见。生于农田、地边、荒地或山坡草丛。

• 用途　秆、叶可作牲畜饲料；也是常见杂草。

狗尾草

Setaria viridis (Linn.) P. Beauv.

- **禾本科 Poaceae**　● **狗尾草属 *Setaria* P. Beauv.**

● 形态特征　一年生草本。根须状，高大的植株具支持根。秆直立或基部膝曲，高 10~100cm，通常较细弱。叶鞘松弛，无毛或具柔毛；叶舌极短，具长 1~2mm 的纤毛；叶片扁平，狭披针形或条状披针形，长 5~30cm，宽 5~15mm，先端渐尖，基部钝圆，通常无毛。圆锥花序紧密呈圆柱状或基部稍疏离，直立或稍弯垂，长 5~15cm；小穗脱节于颖下；小穗 2~5 枚簇生于主轴上，椭圆形，长 2~2.5mm；刚毛多数，长 4~12mm，粗糙，通常绿色或褐黄到紫红或紫色；第 1 颖卵形，长约为小穗的 1/3，具 3 脉；第 2 颖几与第 2 外稃等长，椭圆形，具 5~7 脉；第 1 外稃与小穗等长，具 5~7 脉，内稃短小狭窄；第 2 外稃椭圆形，具细点状皱纹，成熟时背部隆起。花果期 5~10 月。

● 产地与生境　温州沿海岛屿常见。生于山坡灌草丛、路旁或抛荒地。

● 用途　秆、叶可作饲料，也可入药；也是常见杂草。

厚穗狗尾草

Setaria viridis (Linn.) P. Beauv. subsp. *pachystachys* (Franch. et Sav.) Masamune et Yanagih.

• 禾本科 Poaceae　• 狗尾草属 *Setaria* P. Beauv.

- 形态特征　一年生草本。植株匍匐状丛生。秆基部多膝曲斜向上或直立。叶鞘松弛，基部叶鞘被较密疣基毛，边缘具长纤毛；叶舌为一圈纤毛；叶片条形至披针形，长 1.5~5cm，宽 0.2~0.5cm。圆锥花序卵形或椭圆形，顶端钝圆，长 1~3cm；小穗长 2~2.5mm，刚毛绿色、黄色或紫色。
- 产地与生境　温州沿海岛屿常见。生于海边石缝或草丛。
- 用途　秆、叶可作饲料。

巨大狗尾草

Setaria viridis (Linn.) P. Beauv. subsp. *pycnocoma* (Steud.) Tzvelev

- **禾本科 Poaceae** • **狗尾草属 *Setaria* P. Beauv.**

- 形态特征 一年生草本。植株粗壮高大，基部茎直径约 7mm。叶片两面无毛。圆锥花序长 7~24cm，宽 1.5~2.5cm；小穗长超过 2.5mm。其花序大，小穗密集，花序基部簇生小穗的小枝延伸而稍疏离等 特征近似小米 *Setaria italica*，但小米的小穗不连颖片脱落，第 2 外稃背部光亮无点状皱纹可以区别。
- 产地与生境 见于洞头区本岛。生于海岸路边草丛。
- 用途 秆、叶可作饲料。

光高粱

Sorghum nitidum (Vahl) Pers.

• **禾本科 Poaceae** • **高粱属 *Sorghum* Moench**

• 形态特征 多年生草本。秆直立，高 50~150cm，直径 2~4mm，节密生白色髯毛。叶鞘紧密抱茎；叶舌硬膜质，长 1~2mm；叶片条形，长 10~45cm，宽 4~8mm，两面均无毛。圆锥花序长圆形，长 10~30cm，宽 4~8cm，主轴直立，光滑无毛；分枝近轮生，纤细，基部裸露；分枝上端的总状花序长 1~2cm，通常含 1~4 节；无柄小穗卵状披针形，长 3~5mm，基盘钝圆，具棕褐色髯毛；颖革质，成熟后变黑褐色，下部光亮无毛，上部及边缘具棕色柔毛；第 1 外稃厚膜质，稍短于颖；第 2 外稃膜质，无芒或具芒，如具芒，则芒自裂齿间伸出，长 15~25mm，膝曲；第 2 内稃膜质；雄蕊 3。花果期 8~10 月。

• 产地与生境 见于洞头区大门岛，瑞安市下岙岛，平阳县南麂岛、大擂山屿，苍南县官山岛。生于山坡灌草丛。

• 用途 可作牧草；种子含淀粉可食。

互花米草

Spartina alterniflora Loisel.

• 禾本科 **Poaceae** • 米草属 ***Spartina*** **Schreb.**

● 形态特征　多年生草本。根状茎发达。秆直立，坚韧，高 1~2.5m，直径 1cm 以上。叶鞘大多长于节间；叶片条状披针形，长可达 90cm，宽 1.5~2cm，具盐腺，根吸收的盐分大都由盐腺排出体外，因而叶表面往往有白色粉状的盐霜出现。圆锥花序长 20~45cm，具 10~20 穗形总状花序，有 16~24 小穗；小穗侧扁，长约 1cm；花两性；雄蕊 3；子房平滑，柱头 2，呈白色羽毛状。颖果长 0.8~1.5cm。花果期 8~11 月。

● 产地与生境　原产于北美洲大西洋海岸，见于乐清市大乌岛，洞头区北小门岛、大门岛、小门岛，瑞安市铜盘山等岛屿。生于海岸泥质滩涂潮间带。

● 用途　具有良好的促淤和净化功能，但繁殖力极强，定植后难以清除。

鼠尾粟

Sporobolus fertilis (Steud.) Clayton

• **禾本科 Poaceae** • **鼠尾粟属 *Sporobolus* R. Br.**

• 形态特征　多年生草本。秆直立，高 40~80cm，基部直径 2~4mm，质较坚硬，平滑无毛。叶鞘无毛，疏松裹茎，边缘稀具极短的纤毛，下部者长于而上部者短于节间；叶舌长约 0.2mm，纤毛状；叶片质较硬，平滑无毛，或仅上面基部疏生柔毛，通常内卷，长 10~55cm，宽 2~4mm。圆锥花序紧缩呈线形，长 20~45cm，宽 0.5~1cm，分枝直立，密生小穗；小穗灰绿色且略带紫色，长 1.7~2mm；颖膜质，第 1 颖小，长约 0.5mm，先端尖或钝，无脉；第 2 颖卵圆形或卵状披针形，长 1~1.5mm；外稃具 1 中脉及 2 不明显侧脉；雄蕊 3。囊果成熟后红褐色，长圆状倒卵形，长 1~1.2mm。花果期 7~11 月。

• 产地与生境　温州沿海岛屿常见。生于田边、路边或山坡草丛。

• 用途　适应性强，可作边坡绿化或保持水土。

盐地鼠尾粟

Sporobolus virginicus (Linn.) Kunth.

• **禾本科 Poaceae** • **鼠尾粟属 *Sporobolus* R. Br.**

• 形态特征　多年生草本。具木质、被鳞片的根茎。秆质较硬，直立或基部倾斜，光滑无毛，高 15~40cm，上部多分枝。叶鞘紧密裹茎，仅鞘口处疏生短毛；叶舌甚短，长约 0.2mm，纤毛状；叶片质较硬，新叶和下部者扁平，老叶和上部者内卷呈针状，长 3~10cm，宽 1~3mm。圆锥花序紧缩成穗状，长 3.5~10cm，宽 4~10mm，分枝直立且贴生，下部即分出小枝；小穗灰绿色或变草黄色，披针形，排列较密，长 2~3mm；颖质薄，具 1 脉，第 1 颖长约 2.5mm；第 2 颖长 2~2.5mm；外稃宽披针形，稍短于第 2 颖；内稃与外稃等长；雄蕊 3。花果期 6~9 月。

• 产地与生境　见于苍南官山岛。生于海边盐渍地上。

• 用途　用作海边或沙滩的防沙固土植物。

黄背草

Themeda triandra Forssk.

• 禾本科 **Poaceae** • 菅属 ***Themeda*** **Forssk.**

● 形态特征　多年生草本。秆直立，高 60~120cm。叶鞘紧密裹秆，背部具脊，通常生疣基硬毛；叶舌坚纸质，长 1~2mm，先端具小纤毛；叶片条形，长 15~40cm，宽 4~5mm，背面通常粉白色，基部生硬疣基毛。假圆锥花序较狭窄，长 30~40cm，由具佛焰苞的总状花序组成，长为全株的 1/3~1/2；佛焰苞长 2.5~3cm；总状花序长 15~20mm，具长 2~3mm 的总梗；基部总苞状雄性小穗位于同一平面，似轮生，长圆状披针形；第 1 颖背面上部常生硬疣毛，上部的 3 小穗中，2 小穗为雄性或中性，有柄而无芒；1 小穗为两性，无柄而有芒；两性小穗纺锤状圆柱形，长 8~10mm，基盘具长 2~5mm 的棕色柔毛。花果期 7~11 月。

● 产地与生境　温州沿海岛屿常见。生于山坡疏林下或路边灌草丛。

● 用途　秆叶可供造纸或盖屋。

结缕草

Zoysia japonica Steud.

• 禾本科 **Poaceae** • 结缕草属 ***Zoysia*** **Willd.**

● 形态特征　多年生草本。具横走根状茎。秆直立，高 8~15cm，基部常有宿存枯萎的叶鞘。叶鞘无毛，下部者松弛而互相跨覆，上部者紧密裹茎；叶舌不明显，具白柔毛；叶片扁平或稍内卷，长 2.5~8cm，宽 3~6mm，上面疏生柔毛，背面近无毛。总状花序呈穗状，长 2~5cm，宽 3~6mm；小穗卵形，长 2~3.5mm，宽 1~1.5mm，淡黄绿色或带紫褐色；小穗柄通常弯曲，长 3~6mm；第 1 颖退化；第 2 颖成熟后革质，两侧边缘在基部联合，全部包裹外稃及内稃；外稃膜质，长圆形，长 1.8~3mm，具 1 脉；内稃微小。颖果卵形。花果期 4~6 月。

● 产地与生境　见于乐清市扁鳗屿，洞头区大竹峙岛、小乌星岛，瑞安市铜盘山、大明甫、内长屿、王树段岛、王树段儿屿，平阳县大擂山屿、柴峙岛等岛屿。生于路边旷地或林缘草丛。

● 用途　可供绿化用，为优良草坪草。

中华结缕草

Zoysia sinica Hance

- 禾本科 **Poaceae** ●结缕草属 ***Zoysia*** **Willd.**

● 形态特征　多年生草本。具横走根状茎。秆直立，高 5~25cm，基部常具宿存枯萎的叶鞘。叶鞘无毛，长于或上部者短于节间，鞘口具长柔毛；叶舌短而不明显；叶片淡绿或灰绿色，背面色较淡，长可达 10cm，宽 1~3mm，无毛，质地稍坚硬，扁平或边缘内卷。总状花序穗形，小穗排列稍疏，长 2~4cm，宽 4~5mm，伸出叶鞘外；小穗卵状披针形，黄褐色或略带紫色，长 4~5mm，宽 1~1.5mm，具长约 3mm 的小穗柄；颖光滑无毛，中脉近顶端与颖分离，延伸成小芒尖；外稃膜质，长约 3mm，具 1 脉。颖果长椭圆形。花果期 5~10 月。

● 产地与生境　温州沿海岛屿常见。生于海边沙滩、路旁、山坡草丛或岩石缝中。

● 用途　叶片质硬，耐践踏，宜铺建球场草坪。

滨海薹草（锈点薹草）

Carex bodinieri Franch.

•莎草科 **Cyrperaceae** •薹草属 ***Carex*** **Linn.**

• 形态特征 多年生草本。根状茎短，木质，无地下匍匐茎。秆丛生，高 35~60cm，三棱形，基部具灰褐色枯死叶鞘。叶片线形，宽 2~4mm，两面和边缘均粗糙。苞片下部的叶状，上部的细线形，具鞘；小穗多数，每个苞片鞘内常含 1~3 个，排列疏松，均为雄雌顺序，雄花部分较雌花部分短很多，狭圆柱形，具柄；雄花鳞片狭卵形；雌花鳞片宽卵形，膜质，棕色。果囊近于直立，稍长于鳞片，宽椭圆球形，膜质，红棕色，背面具细脉，中部以上边缘具疏缘毛，基部具短柄，顶端有中等长的喙；喙顶端具 2 齿。小坚果紧包于果囊中，椭圆球形，扁平凸状，长约 2mm，淡黄色。花果期 3~10 月。

• 产地与生境 温州沿海岛屿常见。生于山坡、沟边或林下。

• 用途 可供园林观赏。

短尖薹草

Carex brevicuspis C. B. Clarke

●**莎草科 Cyrperaceae**　●**薹草属 *Carex* Linn.**

● 形态特征　多年生草本。根状茎短粗，木质。秆丛生，坚硬，高 30~50cm，三棱形，基部具深棕色分裂成纤维状的老叶鞘。叶片线形，长于秆，宽 7~10mm。苞片长鞘状，短于花序；小穗 3~5，排列疏远；顶生小穗雄性，线形，柄细长；侧生小穗大部分为雌花，顶端有少数雄花，狭圆柱形，柄包于苞鞘内；雌花鳞片披针形，膜质，淡黄褐色。果囊近等长于鳞片，卵形或倒卵形，革质，棕色，基部收缩，先端具长喙，无毛，喙口具 2 尖齿。小坚果紧包于果囊中，三棱状卵形，长约 3.5mm，黑紫色，基部具弯柄，中部棱上缢缩，下部棱面凹陷，上部具喙，喙顶端稍膨大呈环状。花果期 4~5 月。

● 产地与生境　见于洞头区东策岛。生于水沟边或林下。

十字薹草

Carex cruciata Wahlenb.

• 莎草科 **Cyrperaceae** • 薹草属 ***Carex* Linn.**

● 形态特征　多年生草本。根状茎粗壮，木质，横生。秆稍散生，高 35~90cm，粗壮，三棱形，基部具褐色枯死叶鞘。叶基生和秆生，长于秆，叶片线形，宽 4~12mm，下面及边缘粗糙。苞片叶状，长于花序，基部具长鞘；圆锥花序长 20~40cm；支圆锥花序数个，通常单生，支花序柄坚挺，钝三棱形，支花序轴锐三棱形，密生短粗毛；小苞片鳞片状，背面被短粗毛；小穗极多数，两性，雄雌顺序；雄花部分与雌花部分近等长；雄花鳞片披针形，雌花鳞片卵形。果囊长于鳞片，椭圆球形，肿胀三棱形，淡褐白色，上部渐狭成中等长的喙。小坚果卵状椭圆形，长约 1.5mm，成熟时暗褐色。花果期 5~11 月。

● 产地与生境　见于瑞安市凤凰山。生于山坡、路边、草丛或林下。

栗褐薹草（褐果薹草）

Carex brunnea Thunb.

● 莎草科 Cyrperaceae　● 薹草属 *Carex* Linn.

● 形态特征　多年生草本。根状茎短缩。秆丛生，高 30~80cm，细长，三棱形，上部粗糙，下部生叶，基部具栗褐色枯死叶鞘。叶长于或短于秆，叶片条形，宽 2~3mm，粗糙。苞片下部的叶状，上部的刚毛状，具长苞鞘；小穗多数，排列疏离，单生或 2~5 并生，雄雌顺序，圆柱形，长 2~3cm，密生花，小穗柄细长，下垂；雄花鳞片卵形或狭卵形，雌花鳞片长圆状卵形。果囊椭圆形或近圆形，平凸状，长 2.5~3mm，栗褐色，顶端急狭成短喙，喙口成 2 小齿。小坚果卵圆球形，平凸状，长 1.5~2mm。花果期 9~10 月。

● 产地与生境　见于洞头区东策岛、瑞安市北龙山、苍南县官山岛等岛屿。生于路边草丛、山坡或竹林下。

矮生薹草

Carex pumila Thunb.

• 莎草科 Cyrperaceae　• 薹草属 *Carex* Linn.

• 形态特征　多年生草本。根状茎木质，具细长匍匐茎。秆疏丛生，高 10~25cm，三棱形，节间短，几乎全部被叶鞘包住。叶长于秆，叶片线形，革质坚挺，宽 3~4mm，边缘粗糙。苞片叶状，具短鞘；小穗 3~6，间距较短，顶生小穗 2~3，雄性，其余为雌性；雄花鳞片狭披针形，淡黄褐色；雌花鳞片宽卵形，膜质，淡褐色或带锈色短线点，中间绿色，边缘白色透明。果囊卵形，三棱形，长 6~6.5mm，木栓质，淡黄色或淡黄褐色，无毛，具多数脉，顶端渐狭为宽而较短的喙，喙口血红色，具 2 齿。小坚果紧包于果囊内，宽倒卵形或近椭圆形，三棱形，长约 3mm，基部具短柄。花果期 4~6 月。

• 产地与生境　见于洞头区大竹峙岛、平阳县大擂山屿、苍南县星仔岛等岛屿。生于沿海地区的海边山坡草丛或石缝中。

健壮薹草

Carex wahuensis C. A. Mey. subsp. *robusta* (Franch. et Sav.) T. Koyama

●莎草科 Cyrperaceae　●薹草属 *Carex* Linn.

● 形态特征　多年生草本。根状茎短，木质，坚硬。秆高 20~60cm，三棱形，基部具深褐色纤维状的鞘。叶线形，宽 3~10mm，边缘粗糙，内卷。苞片短叶状，短于花序，具鞘；小穗 4 或更多，远离，顶生小穗雄性，侧生小穗雌性，圆柱形，多花密生；雌花鳞片卵形，褐色，顶端具长芒。果囊卵球形，5~7mm，无毛，基部收缩，顶端渐收缩成喙，喙口具 2 齿。小坚果紧包于果囊中，卵球形，三棱形，长约 4mm，基部具短柄，先端喙扭转。花果期 5~7 月。

● 产地与生境　温州沿海岛屿常见。生于海边石缝或山坡草丛。

● 用途　可用作园林绿化植物。

华克拉莎

Cladium chinensis Nees

• 莎草科 Cyrperaceae　• 克拉莎属 *Cladium* R. Br.

• **形态特征**　多年生草本。根状茎短粗，具匍匐茎。秆丛生，高 1~2.5m，圆柱形，具节。叶秆生，叶片革质，剑形，长 60~80cm，宽 8~10mm，上端渐狭且呈三棱形，边缘及背面中脉具细锯齿，无叶舌。苞片叶状，具鞘，下部的较长，向上渐短；复圆锥花序长 30~60cm，由 5~8 伞房花序组成，侧生的互相远离，具扁平的花序梗；小苞片鳞片状，厚纸质，卵状披针形或披针形；小穗 4~12 聚成小头状；小头状花序直径 4~7mm；小穗幼时为卵状披针形，成熟时为卵形或宽卵形，暗褐色，具鳞片 6，鳞片宽卵形至卵形，下面 4 片中空无花，最上面 2 片各具 1 两性花。小坚果长圆状卵形，长约 2.5mm，褐色，光亮，喙极不明显。花果期约 5 月。

• **产地与生境**　见于洞头区北小门岛、苍南县琵琶山。生于海边岩石缝或草丛中。

扁穗莎草

Cyperus compressus Linn.

• 莎草科 Cyrperaceae　• 莎草属 *Cyperus* Linn.

- 形态特征　一年生草本。具须根。秆丛生，高 10~30cm，三棱形，基部具多数叶。叶短于秆，叶片线形，宽 1.5~2.5mm；叶鞘紫褐色。苞片 3~5，叶状，长于花序；聚伞花序简单；穗状花序近头状；花序轴很短，具 5~12 小穗；小穗排列紧密，线状披针形，长 10~15mm，宽约 4mm，近于四棱形，具 10~18 朵花；鳞片覆瓦状排列，较紧密，宽卵形，长约 3mm，先端具稍长的芒，背面具龙骨状凸起，具 7~9 脉。小坚果三棱状倒卵球形、三棱形，侧面凹陷，长约为鳞片的 1/3，深棕色，表面具密的细点。花果期 8~10 月。
- 产地与生境　见于瑞安市长大山、王树段岛、铜盘山等岛屿。生于路边草丛中。
- 用途　全草可入药，用于养心、调经行气，外用用于跌打损伤。

砖子苗

Cyperus cyperoides (Linn.) Kuntze

• **莎草科 Cyrperaceae** • **莎草属 *Cyperus* Linn.**

• 形态特征　多年生草本。根状茎短。秆疏丛生，高 20~30cm，钝三棱形，基部膨大，具鞘。叶不长于秆，叶片线形，宽 3~4mm，下部常折合，向上渐成平展；叶鞘褐色或红棕色。苞片 6~8，叶状，通常长于花序；聚伞花序简单；穗状花序圆筒形或长圆形，长 10~20mm，宽 7~9mm，具多数密生小穗；小穗平展或稍下垂，线状披针形，长 3~5mm，具 1~2 花，小穗轴具宽翅；鳞片膜质，长圆状卵形，边缘内卷，淡黄色或绿白色，背面具多数脉，中间 3 脉绿色。小坚果狭长圆球形，三棱形，长约为鳞片的 2/3，表面具微凸细点。花果期 5~6 月。

• 产地与生境　见于洞头区大竹峙岛、青山岛、黄泥山屿、乌星岛，瑞安市铜盘山、大明甫、大叉山，平阳县大擂山屿，苍南县官山岛等岛屿。生于山坡、路边或溪边草丛中。

• 用途　全草可入药，有止咳化痰、宣肺解表的功效。

畦畔莎草

Cyperus haspan Linn.

●莎草科 Cyrperaceae　●莎草属 *Cyperus* Linn.

● 形态特征　多年生草本。根状茎短缩，具须根。秆丛生或散生，稍细弱，高 10~75cm，扁三棱形。叶片线形，短于秆，宽 2~4mm，或有时仅剩叶鞘而无叶片。苞片 2，叶状，常较花序短，罕长于花序；长侧枝聚伞花序复出或简单，稀多次复出，具多数细长松散的第 1 次辐射枝；小穗通常 3~6 枚呈指状排列，少数可多至 14 枚，条形或条状披针形，长 2~12mm，宽 1~1.5mm，具 6~24 花；小穗轴无翅；鳞片密覆瓦状排列，膜质，长圆状卵形，顶端具短尖，背面稍呈龙骨状凸起，绿色，两侧紫红色或苍白色，具 3 脉。小坚果宽倒卵形、三棱形，长约为鳞片的 1/3，浅黄色，具疣状小凸起。花果期 7~10 月。

● 产地与生境　见于苍南县琵琶山。生于水沟边潮湿草丛中。

● 用途　可栽种作为观赏、美化植物。

碎米莎草

Cyperus iria Linn.

• 莎草科 Cyrperaceae　• 莎草属 *Cyperus* Linn.

• 形态特征　一年生草本。具多数须根。秆丛生，高 15~60cm，扁三棱形，下部具多数叶。叶短于秆，叶片条形，宽 2~4mm；叶鞘红棕色或棕紫色。叶状苞片 3~5，长于花序；聚伞花序复出，具 4~9 辐射枝；穗状花序卵形或长圆状卵形，长 2~4cm，具 5 至多数小穗；小穗排列松散，长圆形、披针形或线状披针形，压扁，长 5~8mm，具 8~16 花；小穗轴上近于无翅；鳞片宽倒卵形，先端微缺，具不显著的短尖，尖头不突出于鳞片的顶端，背面龙骨状，具 3~5 条脉，两侧呈黄色或麦秆黄色。小坚果倒卵形或椭圆形、三棱形，与鳞片等长，褐色，具密的微凸细点。花果期 7~9 月。

• 产地与生境　温州沿海岛屿常见。生于山坡、路边或草丛中。

• 用途　全草可入药。

香附子（莎草）

Cyperus rotundus Linn.

• 莎草科 Cyrperaceae　• 莎草属 *Cyperus* Linn.

• 形态特征　多年生草本。根状茎长，匍匐，具椭圆形块根。秆稍细弱，高 15~60cm，锐三棱形，平滑，下部具多数叶。叶短于秆，扁平，宽 2~4.5mm；叶鞘棕色，常裂成纤维状。叶状苞片 2~4 枚，常长于花序；聚伞花序简单或复出，具 3~8 不等长辐射枝；穗状花序，具 4~10 枚小穗；小穗斜展开，线状披针形，长 2~3cm，宽 1.5~2mm，压扁，具花 15~30；小穗轴具较宽的、白色透明的翅；鳞片密覆瓦状排列，膜质，卵形或长圆状卵形，先端钝，中间绿色，两侧紫红色或棕红色，具 5~7 脉。小坚果长圆状倒卵形、三棱形，长约 1mm。花果期 6~10 月。

• 产地与生境　温州沿海岛屿常见。生于路边、沟边或荒地。

• 用途　块茎名为香附子，可供药用，除能作健胃药外，还可以治疗妇科各症。

两歧飘拂草

Fimbristylis dichotoma (Linn.) Vahl

● **莎草科 Cyrperaceae**　　● **飘拂草属 *Fimbristylis* Vahl**

● 形态特征　一年生草本。具须根。秆丛生，高25~50cm，无毛或被疏柔毛，钝三棱形。叶片条形，略短于秆或与秆等长，宽1~2.5mm；叶鞘革质，上端近于截形。苞片3~4，叶状，通常有1~2长于花序，无毛或被短柔毛；聚伞花序复出，少有简单；小穗卵形、椭圆形或长圆形，长6~10mm，宽约2.5mm，具多数花；鳞片卵形、长圆状卵形或长圆形，褐色，有光泽，具3~5脉，先端具短尖。小坚果宽倒卵形，双凸状，长约1mm，具7~9显著纵肋和横长圆形网纹，具褐色的柄。花果期7~8月。

● 产地与生境　见于洞头区本岛、大门岛，瑞安市小叉山等岛屿。生于路边、田边草丛中。

● 用途　全草可入药，主治小便不利、湿热浮肿、淋病、小儿胎毒。

金色飘拂草

Fimbristylis hookeriana Bocklr.

- 莎草科 Cyrperaceae　　- 飘拂草属 *Fimbristylis* Vahl

- 形态特征　一年生草本。无根状茎。秆丛生，高 5~25cm。叶略短于秆，无毛，叶片背面中脉明显或不明显，叶片线形，宽 1~2.5mm。苞片 2~4 枚，叶状，通常较花序长，宽约 1mm，顶端渐尖；聚伞花序简单或复出；小穗指状簇生或单生于辐射枝顶端，圆柱状，长 10~15mm，宽 2mm；鳞片长圆状卵形，麦秆黄色或绿黄色，具 3 脉。小坚果倒卵形，双凸状，长约 1.2mm，表面具疣状凸起和横长圆形的网纹。花果期 10 月。
- 产地与生境　见于瑞安市长大山、荔枝岛。生于山坡碎石堆。

水虱草（日照飘拂草）

Fimbristylis miliaceae (Linn.) Vahl

- 莎草科 Cyrperaceae　　● 飘拂草属 *Fimbristylis* Vahl

● 形态特征　一年生草本。无根状茎。秆丛生，高 15~40cm，扁四棱形，基部具 1~3 无叶片的鞘。叶片剑形，边缘有稀疏的细齿，先端渐成刚毛状；叶鞘侧扁，表面呈锐龙骨状，前面具膜质、锈色的边，鞘口斜裂。苞片 2~4，刚毛状，基部宽，具锈色、膜质的边，较花序短；聚伞花序复出，稀简单；小穗单生，球形或近球形，长 2~4mm，宽 1.5~2mm；鳞片膜质，卵形，先端钝，栗色，具白色狭边，背面具龙骨状凸起，具 3 脉，中脉绿色，沿侧脉处深褐色。小坚果三棱状倒卵球形或宽倒卵球形，长约 1mm，麦秆黄色，具疣状凸起和横长圆形网纹。花果期 8~10 月。

● 产地与生境　见于洞头区本岛、大门岛，瑞安市铜盘山等岛屿。生于路边或溪沟边草丛中。

● 用途　全草可入药，有清热利尿的功效。

独穗飘拂草

Fimbristylis ovata (Burm. f.) Kern.

• 莎草科 Cyrperaceae　• 飘拂草属 *Fimbristylis* Vahl

• 形态特征　多年生草本。根状茎短。秆丛生，高 15~35cm，纤细。叶片细线形，宽 0.5~1mm，短于秆。苞片 1~3，鳞片状，具有长 2~3mm 的短尖，最下部的 1 片有时为叶状；小穗单个，顶生，卵形、椭圆形或长圆状卵形，稍扁，长 7~13mm，宽约 5mm；下部的鳞片 2 列，上部的为螺旋状排列；鳞片宽卵形或卵形，近革质，有光泽，黄绿色，背面有 3 脉，中间 1 脉较明显，先端延伸为短硬尖。小坚果倒卵形、三棱形，长约 2mm，有短柄，表面具明显的疣状凸起。花果期 4~7 月。

• 产地与生境　见于洞头区大竹峙岛、东策岛，瑞安市大叉山、荔枝岛，平阳县大擂山屿、柴峙岛等岛屿。生于海滨沙地或山坡草丛。

锈鳞飘拂草

Fimbristylis sieboldii Miq. ex Franch. et Sav.

- 莎草科 Cyrperaceae　　• 飘拂草属 *Fimbristylis* Vahl

- 形态特征　多年生草本。根状茎短粗，木质，横生。秆丛生，细而坚挺，高 15~30cm，扁三棱形，平滑，基部稍膨大，具少数叶。下部的叶仅具叶鞘，而无叶片，叶鞘灰褐色；上部的叶线形，宽约 1mm，常对折，顶端钝，长仅为秆的 1/3 或有时更短些。苞片 2~3，线形，基部稍扩大；聚伞花序简单，少有近复出，具少数辐射枝；辐射枝短；小穗单生于辐射枝顶端，长圆状卵形、长圆形或长圆状披针形，圆柱状，长 7~15mm，具多数密生的花；鳞片近膜质，卵形或椭圆形，灰褐色，背面具明显中肋，上部被灰白色短柔毛，边缘具缘毛。小坚果倒卵形或宽倒卵形，扁双凹状，长 1~1.5mm，表面平滑，成熟时棕色或黑棕色，具短柄。花果期 6~10 月。
- 产地与生境　温州沿海岛屿常见。生于海边草丛潮湿地带。

双穗飘拂草

Fimbristylis subbispicata Nees et Meyen

• 莎草科 Cyrperaceae　• 飘拂草属 *Fimbristylis* Vahl

● 形态特征　一年生草本。无根状茎。秆丛生，细弱，高 10~60cm，扁三棱形，平滑，具多条纵槽，基部具少数叶。叶短于秆，叶片线形，宽约 1mm，稍坚挺，平展，上端边缘具小刺，有时内卷。苞片无或 1 片，直立，线形，长于花序，长 0.7~10cm；小穗通常 1，顶生，罕有 2，卵形、长圆状卵形或长圆状披针形，圆柱状，长 8~30mm，宽 4~8mm，具多数花；鳞片螺旋状排列，膜质，卵形、宽卵形或近于椭圆形，棕色，具锈色短条纹，背面无龙骨状凸起，具多数脉。小坚果圆倒卵形，扁双凸状，长 1.5~1.7mm，褐色，基部具柄，表面具六角形网纹，稍有光泽。花期 6~8 月，果期 9~10 月。

● 产地与生境　见于洞头区黄狗盘屿，瑞安市长大山、荔枝山。生于海边山坡潮湿地等。

水蜈蚣（短叶水蜈蚣）

Kyllinga brevifolia Rottb.

- **莎草科 Cyrperaceae**　　- **水蜈蚣属 *Kyllinga* Rottb.**

- 形态特征　多年生草本。根状茎长而匍匐，外被膜质、褐色的鳞片。秆散生，细弱，高15~40cm，扁三棱形，平滑，下部具叶。叶长于秆或与秆等长；叶片线形，宽1.5~2.5mm，先端和背面中脉上部稍粗糙，最下部1~2为无叶片的叶鞘；叶鞘淡紫红色，鞘口斜形。苞片3，叶状，展开；穗状花序单个，近球形或卵球形，直径5~7mm，密生多数小穗；小穗长圆状披针形或披针形，基部具关节，压扁，具1两性花；鳞片卵形，膜质，小穗下部的较短，淡绿色，背面的龙骨状凸起，绿色，具刺，顶端延伸成外弯的短尖。小坚果倒卵球形，扁双凸状，褐色，长约1mm，表面具微凸起的细点。花果期7~8月。
- 产地与生境　温州沿海岛屿常见。生于山坡、路边、草丛等。
- 用途　全草可入药，主治感冒、寒热头痛、筋骨酸痛、咳嗽等。

球穗扁莎

Pycreus flavidus (Retz.) T. Koyama

● **莎草科 Cyrperaceae** ● **扁莎属 *Pycreus* Beauv.**

● 形态特征 多年生草本。根状茎短，具须根。秆丛生，细弱，高 10~50cm，钝三棱形，一面具沟，平滑，下部具少数叶。叶短于秆，叶片线形，宽 1~2mm，折合或平张；叶鞘长，下部红棕色，有时撕裂成纤维状。苞片 2~4，细长，长于花序；聚伞花序简单，具 3~6 辐射枝，辐射枝长短不等，每 1 辐射枝具 5~20 小穗；小穗密聚于辐射枝上端呈球形，辐射展开，线状长圆形或线形，极压扁，长 8~18mm，具 18~42 朵花；小穗轴近四棱形，两侧有具横隔的槽；鳞片膜质，长圆状卵形，先端钝，背面龙骨状凸起绿色。小坚果倒卵形，顶端短尖，双凸状，稍扁，长约 2mm，褐色或暗褐色，具密的细点。花果期 6~11 月。

● 产地与生境 见于洞头区大竹峙岛，瑞安市铜盘山、凤凰山、大叉山、长大山，平阳县柴屿岛等岛屿。生于溪边、路边、山坡或草丛中。

多穗扁莎

Pycreus polystachyus (Rottb.) Beauv.

• 莎草科 Cyrperaceae • 扁莎属 *Pycreus* Beauv.

• 形态特征 多年生草本。根状茎短，具须根。秆丛生，高 15~50cm，扁三棱形，坚挺，平滑。叶短于秆，叶片线形，宽 2~4mm，平展，稍硬。苞片 4~6，叶状，长于花序；复出长侧枝聚伞花序具多数辐射枝，辐射枝有时短缩，具多数小穗；小穗排列紧密，近于直立，条形，长 7~18mm，宽约 1.5mm，具 10~30 朵花；小穗轴多次回折，具狭翅；鳞片密覆瓦状排列，膜质，卵状长圆形，背面具 3 脉，绿色，两侧麦秆色或红棕色，无脉，顶端有时具极短的短尖。小坚果近于长圆形或卵状长圆形，双凸状，长为鳞片的 1/2，顶端具短尖，表面具微凸的细点。花果期 5~10 月。

• 产地与生境 温州沿海岛屿常见。生于海边潮湿地或石缝中。

刺子莞

Rhynchospora rubra (Lour.) Makino

• 莎草科 Cyrperaceae　• 刺子莞属 *Rhynchospora* Vahl

● 形态特征　多年生草本。根状茎极短。秆丛生，高 20~65cm，钝三棱柱状，平滑，具细的条纹。叶基生，较秆短，叶片细条形，长 10~30cm，宽 1~3.5mm，边缘粗糙。苞片 4~10 枚，叶状，不等长，长 1~5cm，先端渐尖。头状花序顶生，球形，直径 15~17mm，棕色，具多数小穗；小穗钻状披针形，长约 8mm，有光泽，鳞片 6~8 枚，花 2~3 朵；鳞片卵状披针形至椭圆状卵形，棕色，最下部 3 枚鳞片中空无花，上部 3 枚鳞片各 1 朵单性花，上面 2 朵花雄性，其下 1 朵花雌性，最上部 1 鳞片条形，无花。小坚果宽或狭倒卵形，长 1.5~2mm，双凸状，上部被短柔毛，表面具细点；宿存花柱基三角形。花果期 5~11 月。

● 产地与生境　见于洞头区大门岛、青山岛、东策岛，平阳县柴峙岛，苍南县官山岛等岛屿。生于山坡草丛。

● 用途　全草可入药，有祛风清热的功效。

毛果珍珠茅

Scleria levis Retz.

• **莎草科 Cyrperaceae**　• **珍珠茅属 *Scleria* Berg.**

• 形态特征　多年生草本。匍匐根状茎粗，木质，外被紫红色鳞片。秆疏丛生或散生，三棱形，高 60~90cm，被微柔毛，粗糙。叶片线形，宽 7~10mm，无毛，粗糙；叶鞘纸质，近基部的鞘褐色，中部以上的鞘绿色，具宽 1~3mm 的翅；叶舌近半圆形，稍短，具髯毛。苞片叶状，与花序近等长；小苞片刚毛状，基部有耳，耳上具髯毛；圆锥花序顶生或侧生；花序轴略有微柔毛；小穗单生或 2 个合生，无柄，长约 3mm，褐色，单性；雄小穗长圆状卵形；雌小穗通常生于分枝的基部，披针形或窄卵状披针形；鳞片长圆状卵形、宽卵形或卵状披针形，褐色，先端具芒或短尖。小坚果近球形，先端具短尖，直径约 2mm，白色，表面具隆起的横波纹，被微硬毛。花果期 7~12 月。

• 产地与生境　见于洞头区青山岛、鸭屿岛，瑞安市北龙山、大叉山、长大山，平阳县柴峙岛，苍南县官山岛等岛屿。生于山坡草丛。

• 用途　根可入药，有解毒消肿、消食和胃的功效。

华棕（丝葵）

Washingtonia filifera (Lind. ex Andre) H. Wendl.

•**棕榈科 Arecaceae** •**丝葵属 *Washingtonia* H. Wendl.**

● 形态特征 常绿乔木。植株高 18~21m，茎圆柱状，顶端稍细，有密集环纹。叶片宽肾状扇形，直径达 1m 以上，掌状分裂至中部，裂片 50~80 枚，无毛，中央的裂片较宽，每裂片先端又再分裂，在裂片之间及边缘具灰白色的丝状纤维；叶柄约与叶片等长，基部扩大成革质的鞘，上面平扁，背面凸起，在老树的叶柄下半部边缘具正三角形小刺；叶轴三棱形，长为宽 2~2.5 倍；戟突三角形。肉穗花序圆锥状，弓状下垂，长于叶，一级佛焰苞管状，革质，2 裂；花小，黄绿色，花蕾披针形渐尖，花萼管状钟形。果实卵球形，长约 9.5mm，亮黑色。种子卵形。花期 7 月。

● 产地与生境 原产于美国西南部。见于洞头区大竹峙岛，瑞安市铜盘山。

● 用途 优良的绿化树种。

海芋

Alocasia odora (Roxb.) K. Koch

• **天南星科 Araceae** • **海芋属 *Alocasia* (Schott) G. Don**

● 形态特征　多年生草本。匍匐根状茎圆柱形，有节，常萌生分枝。茎直立，高可达3m。叶多数，螺旋状排列；叶片箭状卵形，近革质，边缘波状，长50~90cm，宽40~90cm，前裂片宽卵形，先端渐尖，长宽几相等，后裂片半卵形，长约为前裂片的1/3，基部联合较短，弯缺圆形；叶柄粗大，下部1/2处具鞘。花序梗2~3丛生，圆柱形；佛焰苞管部绿色，席卷成长圆状卵形或卵形，檐部黄绿色，舟状，略下弯；肉穗花序芳香，雌花序与雄花序之间有不育雄花；附属物圆锥状，奶黄色，嵌以不规则槽纹。浆果黄色，短卵状。种子1~2。花期4~7月。

● 产地与生境　见于洞头区东策岛，瑞安市铜盘山、凤凰山，苍南县官山岛等岛屿。生于溪沟边阴湿的林下或草丛中。

● 用途　茎供药用，富含淀粉，也可作工业上代用品，但不能食用；植株优美，可供观赏。

灯台莲 （全缘灯台莲）

Arisaema bockii Engl.

• 天南星科 Araceae • 天南星属 *Arisaema* Mart.

● 形态特征 多年生草本。块茎扁球形。鳞叶和叶各 2；叶柄长 20~30cm，下部 1/2 具鞘；叶片鸟足状 5 裂，偶为 3 裂，卵状长圆形或长圆形，全缘或有不规则的粗锯齿至细锯齿；中裂片先端锐尖，基部楔形，具柄，侧裂片小于中裂片或近相等；外侧裂片无柄，较小，不对称。总花梗略短于叶柄；佛焰苞淡绿色至暗紫色，具淡紫色条纹，管部漏斗状；肉穗花序单性；雄花序圆柱形，花疏生，无柄，花药 2~3 枚；雌花序近圆锥形，花密集，子房卵圆形；各附属物棒状或长圆形，具细柄。浆果黄色，长圆锥状。种子 1~3，卵圆形，光滑。花期 5 月，果期 6~9 月。

● 产地与生境 见于洞头区东策岛，瑞安市大叉山、长大山、荔枝山，苍南县机星尾岛等岛屿。生于山坡、沟谷林下或岩石旁草丛。

● 用途 块茎可供药用，具消肿止痛、燥湿祛痰、除风解痉的功效。

天南星

Arisaema heterophyllum Bl.

- 天南星科 Araceae　● 天南星属 *Arisaema* Mart.

● 形态特征　多年生草本。块茎扁球形或近球形，上部扁平，常具侧生的小块茎。鳞叶 4~5，膜质；叶单一；叶柄圆柱形，长 25~50cm，下部 3/4 鞘筒状，鞘端斜截形；叶片鸟足状分裂，裂片 7~19，倒披针形、长圆形、线状长圆形，基部楔形，先端渐尖，全缘，无柄或具短柄。总花梗常短于叶柄；佛焰苞管部圆柱形，喉部戟形，外缘稍外卷，檐部卵形或卵状披针形，常下弯成盔状，先端骤狭渐尖；肉穗花序有两性花序和雄花序两种；附属物鞭状，绿白色，伸出佛焰苞外呈“之”字形上升。浆果黄红色、红色，圆柱形。种子黄色，具红色斑点。花期 4~5 月，果期 7~9 月。

● 产地与生境　见于洞头区东策岛、瑞安市北龙山、平阳县柴峙岛、苍南县机星尾岛等岛屿。生于沟谷林下或灌草丛中。

● 用途　块茎可供药用，俗名为天南星，具解毒消肿、祛风定惊、化痰散结的功效；有毒。

芋

Colocasia esculenta (Linn.) Schott

• **天南星科 Araceae** • **芋属 *Colocasia* Schott**

• 形态特征 多年生湿生草本。块茎卵形至长椭圆形，常生多数小球茎。叶 2~5，基生；叶柄长于叶片，长 20~90cm，绿色或紫色，基部鞘状抱茎；叶片盾状卵形，先端短尖或短渐尖，长 20~50cm，侧脉斜伸达叶缘；后裂片浑圆，合生长度达 1/3~1/2，弯缺较钝。总花梗 1~4，短于叶柄；佛焰苞长短不一，约 20cm，管部绿色，长卵形，檐部披针形或椭圆形，展开成舟状，边缘内卷，淡黄色至绿白色；肉穗花序椭圆形，短于佛焰苞；附属物短，钻形。

• 产地与生境 见于洞头区本岛、大竹峙岛、大门岛、青山岛，瑞安市长大山、荔枝岛、王树段岛、王树段儿屿，平阳县大擂山屿、柴峙岛，苍南县官山岛等岛屿。生于溪沟边或林缘潮湿地。

• 用途 块茎富含淀粉，可供食用或提取淀粉工业用，也可供药用；叶柄可作蔬菜或饲料。

半夏

Pinellia ternata (Thunb.) Tenore ex Breit.

- 天南星科 **Araceae**　• 半夏属 ***Pinellia* Tenore**

- 形态特征　多年生草本。块茎圆球形，上部周围生多数须根。叶 2~5，稀 1；叶柄长 10~25cm，基部具鞘，鞘内、鞘部以上或叶片基部生有珠芽；幼苗叶片卵状心形至戟形，全缘；成年植株叶片 3 全裂；裂片长椭圆形或披针形，中裂片略长于侧裂片，两端锐尖，全缘或浅波状。总花梗长 20~30cm，长于叶柄；佛焰苞管部狭圆柱形，绿色或绿白色，檐部长圆形，有时边缘青紫色，先端钝或锐尖；肉穗花序雄花部分在上，雌花部分在下，前者短于后者，其中间隔 3mm；附属物绿色至青紫色，长 6~10cm。浆果卵圆形，黄绿色，先端渐狭。花果期 5~8 月。
- 产地与生境　温州沿海岛屿常见。生于农田、园地边、路边和宅旁荒地。
- 用途　块茎可入药，有燥湿化痰、降逆止呕的功效，生用消疖肿；有毒。

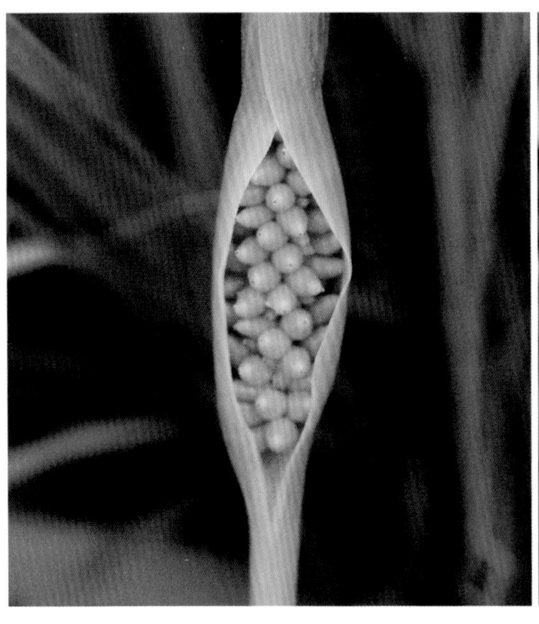

浮萍

Lemna mino Linn.

●**浮萍科 Lemnaceae**　●**浮萍属 *Lemna* Linn.**

● 形态特征　飘浮植物。叶状体对称，表面绿色，背面浅黄色或绿白色或常为紫色，近圆形，倒卵形或倒卵状椭圆形，全缘，长 1.5~5mm，宽 2~3mm，上面稍凸起或沿中线隆起，脉 3 条，不明显，背面垂生丝状根 1 条，根白色，长 3~4cm，根冠钝头，根鞘无翅。叶状体背面一侧具囊，新叶状体于囊内形成浮出，以极短的细柄与母体相连，随后脱落。雌花具弯生胚珠 1 枚。果实无翅，近陀螺状。种子具凸出的胚乳并具 12~15 条纵肋。

● 产地与生境　见于洞头区本岛、大门岛，瑞安市北龙山等岛屿。生于水沟、池沼等静水水域，形成密布水面的飘浮群落。

● 用途　为良好的猪饲料、鸭饲料；也是草鱼的饵料；可供药用，有发汗、利水、消肿毒的功效。

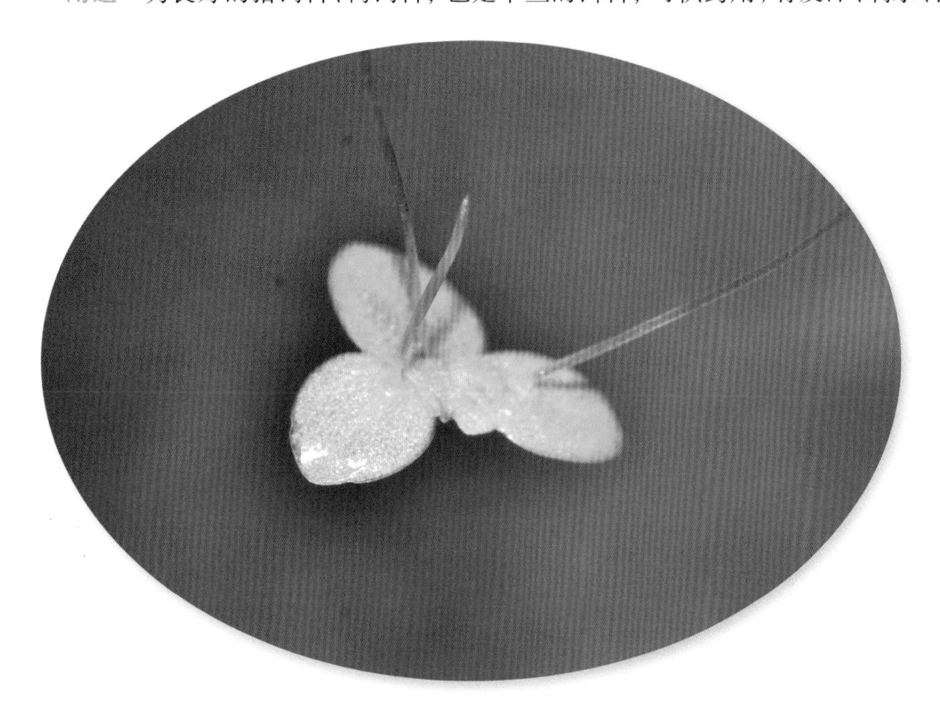

紫萍

Spirodela polyrhiza (Linn.) Schleid.

● 浮萍科 **Lemnaceae** ● 紫萍属 ***Spirodela*** **Schleid.**

● 形态特征　漂浮植物。叶状体扁平，阔倒卵形，长 5~8mm，宽 4~6mm，先端钝圆，表面绿色，背面紫色，具掌状脉 5~11 条；背面中央簇生 5~21 根，根长 3~5cm，根具冠尖和 1 条维管束；在根基附近的一侧囊内产生无性芽，萌发后，幼小叶状体渐从囊内浮出，由一细弱的柄与母体相连。花果未见。据《Flora of China》，佛焰苞内有 2 雄花和 1 雌花。子房具 1 或 2 胚珠。果实两侧具翅。种子具 12~20 肋。花果期 6~9 月。

● 产地与生境　见于洞头区本岛、大门岛，瑞安市北龙山等岛屿。生于池塘、沟渠等水体中。

● 用途　全草可入药；可作家畜、家禽饲料或草鱼饵料。

饭包草

Commelina benghalensis Linn.

●鸭跖草科 Commelinaceae　●鸭跖草属 *Commelina* Linn.

● 形态特征　多年生草本。茎上部直立，下部匍匐，多分枝，节上生根，被疏柔毛。叶片卵形，长 3~5cm，宽 2~3cm，顶端钝或急尖，基部急缩成明显的叶柄；两面疏生短柔毛，边缘具短睫毛；叶鞘膜质，疏生短柔毛，鞘口有长睫毛。聚伞花序单生于枝顶；总苞片佛焰苞状，下部边缘合生，被柔毛；萼片膜质，披针形，白色，无毛；花瓣蓝色，宽卵形，具长爪；发育雄蕊 3 枚，退化雄蕊 3 枚；子房 3 室。蒴果三棱状椭圆形，3 瓣裂。种子近肾形，黑色，有皱纹。花期 7~9 月。

● 产地与生境　见于洞头区大竹峙岛，瑞安市北龙山、内长屿、下岙岛，平阳县大擂山屿，苍南县官山岛等岛屿。生于路边草地、山坡林下及旱作地上。

● 用途　可供药用，有清热解毒、消肿利尿的功效。

耳苞鸭跖草

Commelina auriculata Bl.

•鸭跖草科 Commelinaceae •鸭跖草属 *Commelina* Linn.

• 形态特征　多年生草本。茎多分枝，上部被1列疏毛。叶片披针形，长3~9cm，宽1~2cm，顶端急尖或短渐尖，叶基下延伸成柄；两面被短柔毛或无毛；叶鞘全面被毛，鞘口被长睫毛。总苞片佛焰苞状，长1~1.3cm，下部边缘多少合生，顶端镰刀状向后弯曲并急尖，主脉上被白色刚毛；花瓣3，不等大，淡蓝色。蒴果小，卵球形，3室；每室仅1种子。种子灰褐色，长圆形，表面平滑。花果期7~11月。

• 产地与生境　见于瑞安市大叉山、长大山、王树段岛、王树段儿屿，苍南县官山岛。生于山坡林缘湿地或沟边。

• 用途　可供药用，有清热解毒、消肿利尿的功效。

鸭跖草

Commelina communis Linn.

●鸭跖草科 **Commelinaceae**　●鸭跖草属 ***Commelina* Linn.**

● 形态特征　一年生草本。茎上部直立，下部匍匐，多分枝。叶披针形至卵状披针形，长3~10cm，宽1~2cm，顶端急尖至渐尖，叶基宽楔形，几无柄；两面无毛；叶鞘近膜质，紧密抱茎，散生紫色斑点，鞘口具长睫毛。聚伞花序单生于枝顶；总苞片佛焰苞状，心状卵形，边缘分离；萼片白色，狭卵形；花瓣3，卵形，后方2枚较大，蓝色，具长爪，前方1枚较小，白色，无爪；发育雄蕊2~3枚，退化雄蕊3~4枚，位于后方；子房2室。蒴果椭圆形，2瓣裂。种子近肾形，有不规则窝孔。花期7~9月。

● 产地与生境　温州沿海岛屿常见。生于路边、沟边潮湿处及旱作地上。

● 用途　全草可入药，有消肿利尿、清热解毒的功效；花瓣含有鸭跖蓝素，能提取作染料。

凤眼莲（凤眼蓝）

Eichhornia crassipes (Mart.) Solme

• 雨久花科 **Pontederiaceae** • 凤眼蓝属 ***Eichhornia*** **Kunth.**

• 形态特征　浮水草本。须根发达，棕黑色。茎极短，具长匍匐枝，与母株分离后长成新植物。叶在基部丛生，莲座状排列，一般 5~10 片；叶片圆形，宽卵形或宽菱形，顶端钝圆或微尖，基部宽楔形或在幼时为浅心形；叶柄长短不等，中部膨大成囊状或纺锤形，内有气室；叶柄基部有鞘状苞片，薄而半透明。花莛从叶柄基部的鞘状苞片腋内伸出；穗状花序长 17~20cm，通常具 9~12 花；花被裂片 6 枚，花瓣状，紫蓝色，花冠略两侧对称，直径 4~6cm，上方 1 枚裂片较大，长约 3.5cm，宽约 2.4cm，其余各片长约 3cm，下方 1 枚裂片较狭，宽 1.2~1.5cm，花被片基部合生成筒，外面近基部有腺毛；雄蕊 6 枚，贴生于花被筒上，3 长 3 短；花丝上有腺毛，顶端膨大；花药箭形，蓝灰色，2 室，纵裂；子房上位，胚珠多数；花柱 1，长约 2cm，伸出花被筒的部分有腺毛；柱头上密生腺毛。蒴果卵形。花期 7~10 月，果期 8~11 月。

• 产地与生境　原产巴西。见于洞头区本岛、大门岛。生于水塘、沟渠。

• 用途　全草为家畜、家禽饲料；嫩叶及叶柄可作蔬菜；全株可供药用，有清凉解毒、除湿祛风热及外敷热疮等的功效。

鸭舌草

Monochoria vaginalis (Burm. F.) Presl ex Kunth

• 雨久花科 **Pontederiaceae** • 雨久花属 ***Monochoria* Presl**

• 形态特征　水生草本。根状茎极短，具柔软须根。茎直立或斜上，高 10~40cm，全株光滑无毛。叶基生和茎生；叶片形状和大小变化较大，有心状宽卵形、长卵形至披针形，全缘，具弧状脉；叶柄长 10~20cm，基部扩大成开裂的鞘，鞘顶端有舌状体。总状花序从叶柄中部抽出，该处叶柄扩大成鞘状；花序梗短，长 1~1.5cm，基部有 1 枚披针形苞片；花序在花期直立，果期下弯；通常 3~5 朵花（稀有 10 余朵）；花被片卵状披针形或长圆形，蓝色；雄蕊 6 枚，花药长圆形；花丝丝状。蒴果卵形至长圆形，长约 1cm。种子多数，椭圆形，长约 1mm，灰褐色，具 8~12 纵条纹。花期 8~9 月，果期 9~10 月。

• 产地与生境　见于洞头区本岛。生于稻田、沟旁、浅水池塘等水湿处。

• 用途　嫩茎和叶可作蔬菜食用，也可作猪饲料。

翅茎灯心草

Juncus alatus Franch. et Sav.

● **灯心草科 Juncaceae** ● **灯心草属 *Juncus* Linn.**

● 形态特征　多年生草本。根状茎短而横走。茎丛生，直立，高 20~45cm，扁平，两侧常具宽翅。叶基生兼茎生；叶片扁平，长 10~15cm，宽 2~4mm，管形，稍中空，有不连贯的横脉状横隔，无叶耳。复聚伞花序顶生，小头状花序具花 3~7 朵，花序分枝常 3 个，具长短不等的花序梗；总苞片叶状，短于花序；花被片披针形；雄蕊 6 枚；子房椭圆形，3 室。蒴果三棱状长卵形，具短喙，成熟时上部褐紫色。种子椭圆形，黄褐色。花期 5~6 月，果期 6~7 月。

● 产地与生境　见于洞头区大门岛，平阳县琵琶山。生于溪沟边草丛或路边潮湿处。

● 用途　茎髓及全草可入药，有清心降火、利尿通淋的功效。

星花灯心草

Juncus diastrophanthus Buch.

•灯心草科 **Juncaceae** •灯心草属 ***Juncus* Linn.**

- 形态特征 多年生草本。根状茎极短。茎丛生，直立，高 10~30cm，微扁平，两侧略具狭翅。叶片压扁，长 5~15cm，宽 2~3mm，多管形，稍中空，有不连贯的横脉状横隔；叶耳小，膜质。复聚伞花序顶生，小头状花序具花 5~10 朵；总苞片叶状，短于花序；花被片披针形；雄蕊 3 枚；子房 3 室。蒴果三棱状圆柱形，具短喙。种子卵形。花期 3~4 月，果期 4~6 月。
- 产地与生境 见于洞头区本岛，苍南县琵琶山。生于沟边、路旁湿地及林下潮湿处。
- 用途 全草可入药，有清热利尿、消食的功效。

灯心草

Juncus effusus Linn.

• **灯心草科 Juncaceae**　• **灯心草属 *Juncus* Linn.**

- 形态特征　多年生草本。根状茎粗壮横走。茎丛生，直立，高 40~100cm，圆柱形，具细纵棱，茎内充满白色的髓心。叶片退化殆尽；叶鞘中部以下紫褐色至黑褐色；无叶耳。复聚伞花序假侧生，常较密集；总苞片似茎的延伸，直立；花淡绿色；花被片线状披针形，边缘膜质；雄蕊 3 枚，稀 6 枚；花药长圆形，黄色，长约 0.7mm，稍短于花丝；子房 3 室。蒴果三棱状椭圆形。种子椭圆形，黄褐色。花期 3~4 月，果期 4~7 月。
- 产地与生境　见于洞头区本岛、北爿山岛，瑞安市大叉山等岛屿。生于水沟、山坡草丛和路旁潮湿处。
- 用途　茎内白色髓心可供点灯，亦可入药，有利尿、清凉、镇静的功效；茎皮纤维可作编织和造纸原料。

江南灯心草（笄石菖）

Juncus prismatocarpa R. Br.

• 灯心草科 Juncaceae　• 灯心草属 *Juncus* Linn.

• 形态特征　多年生草本。根状茎短。茎丛生，直立或斜上，高 30~70cm，圆柱形，或稍扁。叶基生兼茎生；叶片条形，常扁平，具不完全横隔；叶鞘边缘膜质；叶耳稍钝。复聚伞花序顶生，小头状花序具花 3~10 朵；总苞片条状披针形，短于花序；花被片披针形，边缘狭膜质，绿色或淡红褐色；雄蕊 3 枚；子房 3 室。蒴果三棱状圆锥形，顶部具短喙。种子长卵形。花期 5~6 月，果期 6~9 月。

• 产地与生境　见于洞头区南爿山岛、大竹峙岛，苍南县琵琶山等岛屿。生于沟边路旁潮湿草丛及林下阴湿处。

• 用途　可供织席用；髓心供点灯或药用。

野灯心草

Juncus setchuensis Buch.

•灯心草科 Juncaceae　•灯心草属 *Juncus* Linn.

- 形态特征　多年生草本。根状茎横走。茎丛生，直立，高 30~50cm，圆柱形，具细纵棱，茎内充满白色髓心。叶基生或近基生；叶片退化呈刺芒状；叶鞘中部以下紫褐色至黑褐色。复聚伞花序假侧生，常较开展；总苞片似茎的延伸，直立；花被片卵状披针形，边缘膜质；雄蕊 3 枚；子房不完全 3 室。蒴果三棱状卵球形，成熟时黄褐色至棕褐色。种子斜倒卵形，棕褐色。花期 3~4 月，果期 4~7 月。
- 产地与生境　见于洞头区本岛，瑞安市大叉山，苍南县琵琶山、草峙岛等岛屿。生于农田边、溪沟边草丛、路边潮湿处。
- 用途　茎髓可入药，具利尿通淋、泻热安神的功效。

粉条儿菜

Aletris spicata (Thunb.) Franch.

•百合科 Liliaceae　•粉条儿菜属 *Aletris* Linn.

- 形态特征　多年生草本。根状茎粗短，局部膨大。叶无柄，丛生在基部；叶片纸质，条形，有时下弯，具 3 脉。花莛粗壮；总状花序疏生 15~50 花，花序轴密被柔毛；苞片披针形，短于花；花小，黄绿色，近钟形；花梗极短，密被柔毛；小苞片线形，稍长于花梗，位于花梗近基部；花被片密被柔毛，中部以下合生，裂片条状披针形，上部淡红色，具 1 条绿色中脉；雄蕊着生于花被裂片的基部，花丝短，花药椭圆形；子房卵形，花柱圆柱形。蒴果倒卵形或倒圆锥形，密被柔毛。花期 4~5 月，果期 6~7 月。
- 产地与生境　见于洞头区东策岛、鸭屿岛，平阳县大檑山、上头屿，苍南县琵琶山、长腰山、冬瓜山屿等岛屿。生于山坡林缘或路边草地。
- 用途　根可入药，具润肺止咳、杀蛔虫、消疳等的功效。

藠头

Allium chinense G. Don

• 百合科 Liliaceae • 葱属 *Allium* Linn.

● 形态特征　多年生草本。鳞茎狭卵状，常数枚聚生；鳞茎外皮白色或带红色，膜质，不破裂。叶 2~5，无柄，叶片中空，常具 3~5 条细纵棱。花莛侧生，半圆柱形，下部被叶鞘；总苞 2 裂，膜质；伞形花序近半球状，较松散，无珠芽；花淡紫色至暗紫色；花被片宽椭圆形至近圆形，顶端钝圆；内轮花丝基部每侧各具 1 齿；子房倒卵球状。花果期 10~11 月。

● 产地与生境　见于瑞安市北龙山。生于林下、草丛或石缝中。

● 用途　可作为野生蔬菜食用。

薤白

Allium macrostemon Bunge

• 百合科 Liliaceae　• 葱属 *Allium* Linn.

• 形态特征　多年生草本。鳞茎近圆球形；鳞茎外皮带黑色，纸质或膜质。叶片 3~5，半圆柱状，中空，具沟槽，比花莛短。花莛圆柱状；总苞 2 裂，膜质，宿存；伞形花序半球状至球状，密聚暗紫色的珠芽；花淡紫色或淡红色；花被片矩圆状卵形至矩圆状披针形；花丝等长，比花被片稍长；子房近球状。花果期 10~11 月。

• 产地与生境　温州沿海岛屿常见。生于荒野、田边、路边草地或山坡石缝中。

• 用途　鳞茎作药用，也可作蔬菜食用。

天门冬

Asparagus cochinchinensis (Lour.) Merr.

●**百合科 Liliaceae** ●**天门冬属 *Asparagus* Linn.**

● 形态特征　多年生攀缘草本。根状茎粗短，末端具纺锤状肉质根。茎攀缘状，叶状枝 3 簇生。叶膜质，鳞片状，主茎上基部具硬刺状的距。花小，淡绿色，单性，雌雄异株，簇生于叶腋；雄花花被片椭圆形，雌花与雄花近等大。浆果圆球形，成熟时红色。种子 1。花期 5~6 月，果期 8~10 月。

● 产地与生境　温州沿海岛屿常见。生于山坡林下、溪边草丛。

● 用途　块根可入药，有滋阴润燥、清火止咳的功效；也可用作园林观赏植物。

绵枣儿

Barnardia japonica (Thunb.) Schultes et J. H. Schultes

• **百合科 Liliaceae** • **绵枣儿属 *Barnardia* Lindl.**

● 形态特征　多年生草本。鳞茎卵形或近球形，鳞茎皮黑褐色。基生叶常 2~5，叶片倒披针形，柔软。花莛通常比叶长；总状花序，具多数花；花紫红色、粉红色至白色，小；花梗顶端具关节；花被片近椭圆形、倒卵形或狭椭圆形，基部稍合生而成盘状，先端钝且增厚。蒴果近倒卵形。种子 1~3，黑色，矩圆状狭倒卵形。花果期 7~10 月。

● 产地与生境　温州沿海岛屿常见。生于山坡草地、林缘及路边。

● 用途　鳞茎或全草可入药，有强心利尿、消肿止痛、解蛇毒的功效；有毒。

山菅

Dianella ensifolia (Linn.) Redoute

• **百合科 Liliaceae**　• **山菅属 *Dianella* Lam.**

● 形态特征　多年生常绿草本。根状茎圆柱状，横走。叶狭条状披针形，近基生，2 列，半革质，两面无毛，基部稍收狭成鞘状，套叠或抱茎，边缘和背面中脉具锯齿。花莛从叶丛中抽出，圆锥花序，分枝疏散；花常多朵生于侧枝上端；苞片披针形，叶状；花绿白色、淡黄色至淡紫色，5 脉；花梗稍弯曲，顶端具关节；花被片长圆状披针形；花药条形。浆果近圆球形，熟时深蓝色，具种子 5~6。花果期 5~9 月。

● 产地与生境　温州沿海岛屿常见。生于草丛中。

● 用途　根状茎有毒，磨干粉，调醋外敷，可治痈疮脓肿、癣、淋巴结炎等；可栽培供园林观赏。

萱草

Hemerocallis fulva (Linn.) Linn.

• **百合科 Liliaceae** • **萱草属 *Hemerocallis* Linn.**

● 形态特征　多年生草本。根状茎不明显；根多数，稍肉质，部分顶端膨大成棍棒状或纺锤状。叶基生，2 列，叶片宽条形或条状披针形，常鲜绿色。花莛直立，上有少数无花的苞片；圆锥花序近二歧蜗壳状；花大型，橘红色或橘黄色，早上开晚上凋谢，无香味；内轮花被片常有褐红色斑纹，边缘波状，盛开时向下反卷；花柱细长。蒴果长圆形。花期 6~8 月。

● 产地与生境　见于洞头区大竹峙岛、瑞安市铜盘山等岛屿。生于山坡林下和沟边。

● 用途　花供观赏，也可食用；根有小毒，可入药。

野百合

Lilium brownii F. E. Brown ex Miellez

- **百合科 Liliaceae** • **百合属 *Lilium* Linn.**

- 形态特征　多年生直立草本。鳞茎近球形；鳞片披针形，无节，白色。茎无毛，带紫色。叶互生，叶片披针形、窄披针形至条形，自下向上渐小但不呈苞片状，两面无毛。花单生或数花排成近伞形；花梗稍弯；苞片披针形；花喇叭形，有香气，乳白色，外面稍带紫色，无斑点。蒴果长圆形。花期 5~6 月，果期 7~9 月。
- 产地与生境　见于洞头区北爿山岛、青山岛、鸭屿岛、乌星岛，瑞安市铜盘山、凤凰山，平阳县大檑山、柴峙岛等岛屿。生于山坡、灌木林下、路边、溪旁或石缝中。
- 用途　鳞茎可供药用和食用，花可观赏。

百合

Lilium brownii F. E. Brown ex Miellez var. *viridulum* Baker

• **百合科 Liliaceae** • **百合属 *Lilium* Linn.**

● 形态特征　多年生草本。鳞茎球形；鳞片披针形，无节，白色。茎有紫色条纹，或下部具乳头状小凸起。叶散生，自下向上渐小，倒披针形至倒卵形，茎上部叶明显变小而呈苞片状。花单生或数朵排成近伞形；花梗稍弯；苞片披针形；花喇叭形，有香气，乳白色，外面稍带紫色，无斑点。花果期 5~9 月。与野百合的主要区别在于叶倒披针形至倒卵形。

● 产地与生境　见于洞头区乌星岛，瑞安市长大山、荔枝岛，平阳县上头屿。生于山坡林缘、草丛、溪边。

● 用途　鳞茎含丰富淀粉，可食，亦作药用。

阔叶山麦冬

Liriope muscari (Decne.) Bailey

•百合科 **Liliaceae**　•山麦冬属 ***Liriope*** **Lour.**

● 形态特征　多年生草本。根状茎短粗，木质；根细长，有时局部膨大成纺锤形的小块根，无细长的地下走茎。叶基生，密集成丛，叶片宽线型，先端急尖或钝，基部渐狭，具明显横脉。花莛通常长于叶；总状花序；花 4~8 朵簇生于苞片腋内；花被片矩圆状披针形或近矩圆形，先端钝，紫色或红紫色；花药近矩圆状披针形；子房近球形。种子球形，成熟时黑紫色。花期 7~8 月，果期 9~10 月。

● 产地与生境　温州沿海岛屿常见。生于山坡林下、沟边草丛和岩壁石缝等。

● 用途　可栽培于庭院中以供观赏。

山麦冬

Liriope spicata (Thunb.) Lour.

• **百合科 Liliaceae** • **山麦冬属 *Liriope* Lour.**

● 形态特征　多年生草本。根稍粗，近末端处具纺锤状肉质小块根；根状茎短，木质，具地下走茎。叶基生，叶片宽条形，先端急尖或钝，基部常包以褐色的叶鞘。花莛稍短于叶簇；总状花序；花通常 3~5 朵簇生于苞片腋内；苞片小，披针形；花梗关节位于中部以上或近顶端；花被片长圆形，先端钝圆，淡紫色或淡蓝色；雄蕊着生于花被片基部；花药狭矩圆形。种子核果状。花期 6~8 月，果期 9~10 月。

● 产地与生境　见于洞头区东策岛、青山岛、乌星岛，瑞安市铜盘山、凤凰山、北龙山、长大山、荔枝岛、王树段岛，苍南县官山岛等岛屿。生于山坡林下和路边草丛。

● 用途　块根可作麦冬入药；可栽培于庭院中以供观赏。

麦冬

Ophiopogon japonicus (Linn. f.) Ker-Gawl.

• **百合科 Liliaceae** • **沿阶草属 *Ophiopogon* Ker-Gawl.**

- 形态特征　多年生草本。根状茎粗短，木质，具细长地下走茎；根中部或近末端具纺锤状小块根，淡褐黄色。茎不明显。叶基生，叶片条形，禾叶状，缘具细锯齿。花莛远短于叶簇，总状花序；花被片披针形，下垂，白色或淡紫色；花药三角状披针形；花柱较粗，基部宽阔，向上渐狭。种子圆球形，小核果状，熟时暗蓝色。花期 6~7 月，果期 7~8 月。
- 产地与生境　见于洞头区大竹屿岛。生于山坡林下或沟边草丛。
- 用途　块根可入药，有养阴生津、润肺止咳的功效；可栽培于庭院中作为园林绿化。

多花黄精

Polygonatum cyrtonema Hua

•百合科 Liliaceae　•黄精属 *Polygonatum* Mill.

● 形态特征　多年生草本。根状茎肥厚，连珠状或结节成块。茎弯拱，高 50~100cm。叶互生，叶片椭圆形、卵状披针形至矩圆状披针形，先端尖至渐尖，两面无毛。伞形花序常具 2~7 花；花黄绿色，近圆筒形；花被裂片宽卵形；雄蕊生于花被筒中部，花丝被短绵毛；花柱不伸出花被之外。浆果熟时黑色。花期 5~6 月，果期 8~11 月。与长梗黄精的区别主要在于长梗黄精叶片下面脉上具短毛。

● 产地与生境　见于苍南县官山岛等岛屿。生于山坡林下、沟边草丛和岩壁石缝。

● 用途　根状茎药用，具补气养阴、健脾、润肺、益肾的功效。

肖菝葜

Heterosmilax japonica Kunth

•**百合科 Liliaceae**　•**肖菝葜属 *Heterosmilax* Kunth**

- 形态特征　攀缘灌木。小枝有钝棱。叶纸质，卵形、卵状披针形或近心形，主脉 5~7 条，边缘 2 条至顶端与叶缘汇合；叶柄有卷须和狭鞘。伞形花序，生于叶腋或生于褐色的苞片内，有花 20~50 朵；总花梗扁；花序托球形；花梗纤细；雄花雄蕊 3 枚，；雌花具 3 枚退化雄蕊，子房卵形，柱头 3 裂。浆果球形而稍扁，熟时黑色。花期 6~8 月，果期 7~11 月。
- 产地与生境　见于洞头区本岛。生于山坡密林中或路边杂木林下。
- 用途　具清热利湿、壮筋骨的功效。

菝葜

Smilax china Linn.

● 百合科 Liliaceae　● 菝葜属 *Smilax* Linn.

● 形态特征　攀缘灌木。根状茎粗厚，灰白色，为不规则的块状。茎常疏生刺。叶片薄革质或坚纸质，干后红褐色或近古铜色，近卵形或椭圆形；叶柄具卷须。伞形花序生于叶尚幼嫩的小枝上，常呈球形；花序托稍膨大，近球形，具小苞片；花绿黄色；雄花雄蕊 6 枚；雌花具 6 枚退化雄蕊。浆果球形，熟时红色，有时具白粉。花期 4~6 月，果期 6~10 月。

● 产地与生境　温州沿海岛屿常见。生于山坡和沟谷林下、路边和山顶灌草丛中。

● 用途　状茎入药，有清湿热、强筋骨、解毒的功效；也可提取淀粉和栲胶；亦可用来酿酒。

光叶菝葜（土茯苓）

Smilax glabra Roxb.

- 百合科 Liliaceae　• 菝葜属 *Smilax* Linn.

- **形态特征**　常绿攀缘灌木。根状茎粗厚，块状，有时近连珠状，表面黑褐色。茎无刺。叶片薄革质，狭椭圆状披针形至狭卵状披针形，先端渐尖，下面通常绿色，有时带苍白色；叶柄占全长的1/4~2/3，具狭鞘，有卷须，脱落点位于叶柄的近顶端。伞形花序；总花梗明显短于叶柄，极少与叶柄近等长；在总花梗与叶柄之间有一芽；花序托膨大，连同多数宿存的小苞片，多少呈莲座状；花绿白色，六棱状扁球形；雄花雄蕊6枚，花丝极短；雌花具3枚退化雄蕊。浆果球形，熟时紫黑色，具白粉。花期7~8月，果期11月至翌年4月。
- **产地与生境**　见于瑞安市荔枝岛、王树段岛、山姜中屿，洞头区青山岛、鸭屿岛、北小门岛，乐清市大乌岛等岛屿。生于山坡林下、林缘、灌丛。
- **用途**　根状茎入药，俗称土茯苓，性甘平，利湿热解毒，健脾胃；富含淀粉，也可用来制糕点或酿酒。

凤尾兰

Yucca gloriosa Linn.

- **百合科 Liliaceae** - **丝兰属 *Yucca* L.**

- 形态特征 常绿灌木状草本。茎明显，上有近环状的叶痕。叶近莲座状排列于茎顶，叶片剑形，坚挺，先端具刺尖，幼时叶缘具齿，老时全缘。大型圆锥花序，无毛；花莛上具多数无花的苞片；花大型，白色或稍带淡黄色，下垂，花被片基部稍合生；雄蕊着生于花被片基部，花丝粗扁，被短毛；子房近圆柱形，具钝 3 棱。花期 9~11 月。
- 产地与生境 原产北美东部和东南部。见于乐清市大乌岛，洞头区大竹峙岛、官财屿、北小门岛，瑞安市北龙山、下岙岛、冬瓜屿、长大山，平阳县柴峙岛等岛屿。生于山坡林缘、林下或灌草丛中。
- 用途 常栽培用于绿化观赏。

龙舌兰

Agave americana Linn.

●石蒜科 **Amaryllidaceae**　●龙舌兰属 ***Agave*** **Linn.**

● 形态特征　多年生草本。叶呈莲座式排列，叶片肉质，倒披针状线形，长 1~2m，宽 12~20cm，叶缘具疏刺，先端有 1 硬尖刺，刺暗褐色。圆锥花序大型，高 6~12m，多分枝；花黄绿色；花被裂片长约 3cm；雄蕊长约为花被的 2 倍。蒴果长圆形。开花后花序上生成的珠芽极少。花期 6~8 月。

● 产地与生境　原产美洲热带。见于洞头区本岛，苍南县北关岛。生于林缘、山坡灌丛。

● 用途　叶纤维供制船缆、绳索、麻袋等，但其纤维的产量和质量均不及剑麻；总甾体皂苷元含量较高，是生产甾体激素药物的重要原料；用于绿化观赏。

文殊兰

Crinum asiaticum Linn. var. *sinicum* (Roxb. ex Herb.) Bak.

• 石蒜科 Amaryllidaceae　• 文殊兰属 *Crinum* Linn.

• 形态特征　多年生草本。植株粗壮。鳞茎圆柱形，假茎状，直径 10~15cm。叶多列，叶片带状披针形，长可达 1m，先端渐尖，边缘波状，暗绿色，叶脉平行，基部抱茎。花茎直立，几与叶等长；伞形花序有花 10~24，佛焰苞状总苞片长 6~10cm，膜质；小苞片狭线形；花高脚碟状，芳香；花被管纤细，伸直，绿白色；花被裂片条形，白色。蒴果近球形，直径 3~5cm。花期 7~10 月。

• 产地与生境　见于瑞安市大叉山、长大山、王树段岛等岛屿。生于林缘路边、灌丛中。

• 用途　常栽培供观赏；叶与鳞茎入药，具活血散瘀、消肿止痛的功效，治跌打损伤、风热头痛、热毒疮肿等症。

石蒜

Lycoris radiata (L'Hér.) Herb.

• **石蒜科 Amaryllidaceae**　• **石蒜属 *Lycoris* Herb.**

• 形态特征　多年生草本。鳞茎宽椭圆形，鳞茎皮紫褐色。先花后叶，叶秋季抽出，至翌年夏季枯死；叶片狭带状，长约 15cm，先端钝，深绿色，中间有粉绿色带。花茎高约 30cm；伞形花序有 4~7 朵花；花鲜红色；花被裂片狭倒披针形，强度皱缩和反卷；花被管绿色；雄蕊显著伸出于花被外，比花被长 1 倍左右。花期 8~10 月，果期 10~11 月。

• 产地与生境　温州沿海岛屿常见。多生于山坡、沟边石缝处、灌丛。

• 用途　鳞茎含有多种生物碱，具解毒、祛痰、利尿、催吐、杀虫等的功效，但有小毒；可栽培供园林观赏。

换锦花

Lycoris sprengeri Comes ex Baker

• 石蒜科 Amaryllidaceae • 石蒜属 *Lycoris* Herb.

• 形态特征　多年生草本。鳞茎椭圆形或近圆球形，直径约3.5cm。叶早春抽出；叶片带状，长约30cm，绿色，先端钝。花茎高约55cm；伞形花序有花5~8朵；花淡紫红色；花被裂片先端带蓝色，通体不皱缩；花被管长0.6~1.5cm；雄蕊与花被近等长；花柱略伸出于花被外。蒴果具三棱。种子近球形，黑色。花期8~9月。

• 产地与生境　温州沿海岛屿常见。生于山坡草丛。

• 用途　鳞茎可提取加兰他敏；可栽培用于园林观赏。

玫瑰石蒜

Lycoris rosea Traub et Moldenke

• 石蒜科 **Amaryllidaceae**　• 石蒜属 ***Lycoris*** **Herb.**

- 形态特征　多年生草本。鳞茎近球形，直径约 2.5cm。叶秋季抽出；叶片带状，长约 20cm，顶端圆，淡绿色，中间淡色带明显。花茎高约 30cm，淡玫瑰红色；伞形花序有花 5 朵；花玫瑰红色；花被裂片倒披针形，中度反卷和皱缩；花被管长约 1cm；雄蕊伸出于花被外。花期 9 月。
- 产地与生境　见于洞头区大竹屿岛。生于灌丛中。
- 用途　全草含石蒜碱、加兰他敏等，可作制药原料；可栽培用于园林观赏，是理想的切花材料。

水仙（中国水仙）

Narcissus tazetta Linn. var. *chinensis* Roem.

- 石蒜科 Amaryllidaceae　　• 水仙属 *Narcissus* Linn.

- 形态特征　多年生草本。鳞茎卵圆形；鳞茎皮膜质。叶基生；叶片宽条形，扁平，先端钝，粉绿色。花茎实心，直立，约与叶等长；伞形花序通常有花 4~10 朵；佛焰苞状总苞膜质，下部管状；花被高脚碟状；花被裂片 6，白色，几相等；副花冠鲜黄色，浅杯状；雄蕊着生于花被管内，花药基着。花期 11 月至翌年 2 月。
- 产地与生境　见于洞头区大竹峙岛，瑞安市冬瓜屿、北麂岛，平阳县大檑山屿。生于山坡地。
- 用途　花香馥郁，花色美丽，可供观赏；鳞茎民间亦可供药用。

福州薯蓣

Dioscorea futschauensis Uline ex R. Kunth

• **薯蓣科 Dioscoreaceae** • **薯蓣属 *Dioscorea* Linn.**

• 形态特征　多年生缠绕草质藤本。根状茎水平生长，不规则长圆柱形。茎左旋，无毛，具细纵槽。单叶互生，中、下部叶掌状圆心形，叶缘波状乃至全缘，两面具白色硬毛。花单性，雌雄异株；花被橙黄色，基部连合，顶端6裂，裂片卵圆形；雄花序总状，常再排列成圆锥花序；雌花序与雄花序相似，穗状，单生。果序下垂，蒴果三棱状扁球形，表面深棕色。花期6~7月，果期7~10月。

• 产地与生境　见于瑞安市铜盘山、凤凰山、长大山、王树段儿屿，平阳县柴峙岛，苍南县官山岛、琵琶山等岛屿。生于山坡林缘或灌丛中。

• 用途　根状茎以“绵萆薢”入药，有利湿去浊、祛风通痹的功效。

尖叶薯蓣（日本薯蓣）

Dioscorea japonica Thunb.

● **薯蓣科 Dioscoreaceae** ● **薯蓣属 *Dioscorea* Linn.**

● 形态特征　多年生缠绕草质藤本。块状茎长圆柱形，垂直生长，末端较粗壮。茎具细纵槽，右旋，绿色，无毛。单叶，在茎下部的互生，中部以上的对生；叶片纸质，三角状披针形，全缘，两面无毛；珠芽偶见于叶腋。花单性，雌雄异株；雄花序穗状；雌花序穗状，具6枚退化雄蕊；花被绿白色或淡黄色，有紫色斑纹，外轮宽卵形，内轮卵状椭圆形，稍小。果序下垂，蒴果三棱状扁圆形，表面枯黄色。花期6~9月，果期7~10月。

● 产地与生境　见于洞头区南爿山岛，瑞安市凤凰山、荔枝岛等岛屿。生于山坡灌丛和草丛。

● 用途　块茎可药用及食用。

射干

Belamcanda chinensis (Linn.) Redouté

● **鸢尾科 Iridaceae**　● **射干属 *Belamcanda* Adans.**

● 形态特征　多年生草本。根状茎为不规则的块状，黄色或黄褐色；须根多数。茎直立。叶互生，叶片剑形，基部鞘状抱茎，先端渐尖，无中脉。二歧伞房花序顶生；花梗及分枝基部均有数片膜质苞片；花橙红色，散生紫褐色的斑点；花被裂片 6 枚，2 轮排列，内轮较外轮略短而狭。蒴果倒卵形或长椭圆形，顶端无喙，常残存凋萎花被。种子圆球形，黑紫色，有光泽。花期 6~8 月，果期 7~9 月。

● 产地与生境　见于洞头区乌星岛、瑞安市长大山、苍南县机星尾岛等岛屿。生于山坡路旁草丛中。

● 用途　根状茎药用，有清热解毒、散结消炎、消肿止痛、止咳化痰的功效。

唐菖蒲

Gladiolus gandavensis Van Houtt.

• **鸢尾科 Iridaceae** • **唐菖蒲属 *Gladiolus* Linn.**

- **形态特征** 多年生草本。球茎扁圆球形，有棕黄色膜质包被。叶片剑形，基部鞘状，顶端渐尖，灰绿色，有数条明显凸出的纵脉。花莛直立，高 50~80cm，不分枝；顶生穗状花序；每朵花有苞片 2 枚，膜质，黄绿色，卵形或宽披针形；花无梗，红色，内侧带黄色；内、外轮花被裂片皆为卵圆形或椭圆形，弯曲成盔；花药红紫色或深紫色；花丝白色。蒴果椭圆形或倒卵形。种子扁而有翅。花期 7~9 月，果期 8~10 月。
- **产地与生境** 见于苍南县北关岛。生于山坡草丛。
- **用途** 为著名的观赏花卉；球茎可入药，有清热解毒的功效，用于治疗腮腺炎、淋巴腺炎及跌打劳伤等。

艳山姜

Alpinia zerumbet (Pers.) Burtt. et Smith

• **姜科 Zingiberaceae** • **山姜属 *Alpinia* Roxb.**

- 形态特征　多年生草本。叶片披针形，边缘具短柔毛，两面无毛。圆锥花序下垂，长达30cm，具短分枝；小苞片椭圆形，白色，先端粉红色；花萼近钟形，白色，先端粉红色；花冠裂片乳白色，先端粉红色，唇瓣匙状宽卵形。蒴果卵圆形，疏被粗毛，具显著条纹，熟时朱红色。种子有棱角。花期4~6月，果期7~10月。
- 产地与生境　温州洞头以南沿海岛屿常见。生于山坡草丛中。
- 用途　花极美丽，常栽培于庭院供观赏；根茎和果实有健脾暖胃、燥湿散寒的功效；叶鞘可作纤维原料。

大花无柱兰

Amitostigma pinguicula (Rchb. f. et S. Moore) Schltr.

• 兰科 Orchidaceae • 无柱兰属 *Amitostigma* Schltr.

• 形态特征　多年生小草本。块茎卵球形，肉质。茎纤细，直立。近基部具1枚叶，其上有1~2枚苞片状披针形的小叶；叶片线状倒披针形、舌状长圆形、狭椭圆形至长圆状卵形，基部成抱茎的鞘。通常顶生；苞片线状披针形；花玫瑰红色或紫红色；唇瓣特大，扇形，中下部具深紫斑，前部3裂，具圆锥形距，下垂，向末端渐狭，与子房等长或长于子房；子房圆柱形；蕊柱极短；柱头2；退化雄蕊2。花期4~5月。

• 产地与生境　见于洞头区本岛、状元岛。生于山坡林下覆有土的岩石上及草地上。

• 用途　花大色艳，极为美丽，可作园艺观赏植物。

白及

Bletilla striata (Thunb.) Rchb.f.

•兰科 **Orchidaceae**　•白及属 ***Bletilla* Rchb. f.**

● 形态特征　多年生草本。茎基部具膨大的假鳞茎，假鳞茎上具荸荠似的环带，肉质，生数条细长根。叶 4~6 枚，狭长圆状披针形至线状披针形。总状花序顶生，3~10 朵花；花紫红色、粉红色，倒置，唇瓣位于下方；萼片与花瓣相似，近等长，离生；唇瓣中部以上常明显 3 裂；侧裂片直立，唇盘上从基部至近先端具 5 条纵脊状褶片，基部无距。蒴果长圆状纺锤形，直立。

● 产地与生境　见于洞头区大门岛、灵霓岛。生于较湿润的石壁上。

● 用途　白及的花朵比较漂亮，可采用盆栽观赏；假鳞茎均供药用，有止血补肺、生肌止痛的功效。

广东石豆兰

Bulbophyllum kwangtungense Schltr.

• 兰科 **Orchidaceae** • 石豆兰属 ***Bulbophyllum*** **Thou.**

- 形态特征　多年生附生草本。根状茎匍匐。假鳞茎疏生，直立，圆柱形。顶生1叶，叶片革质，长圆形，先端圆钝并且稍凹入，基部具短柄，中脉明显。花莛1个，从假鳞茎基部或靠近假鳞茎基部的根状茎节上发出，直立，纤细，远高出叶外，长达9.5cm，总状花序缩短呈伞状，具2~4朵花；花白或淡黄色；萼片离生，披针形；唇瓣肉质，狭披针形，上面具2~3条小的龙骨脊，其在唇瓣中部以上汇合成1条粗厚的脊。蒴果长椭圆形。花期6月，果期9~10月。
- 产地与生境　见于洞头区本岛。生于石壁苔藓层中。
- 用途　全草入药，具滋阴润肺、止咳化痰、清热消肿的功效。

蜈蚣兰

Cleisostoma scolopendrifolium (Makino) Garay

• 兰科 **Orchidaceae**　• **隔距兰属** ***Cleisostoma* Bl.**

• 形态特征　多年生附生草本。茎匍匐，细长，多节，具分枝。叶片革质，二列互生，彼此疏离，多少两侧对折为半圆柱形，先端钝。总状花序侧生，常比叶短，具1~2朵花；花质地薄，开展，萼片和花瓣浅肉色；中萼片卵状长圆形，侧萼片斜卵状长圆形，与中萼片等长较宽；花瓣近长圆形，较小，唇瓣白带黄色斑点，3裂，侧裂片近三角形，上端钝，中裂片稍肉质，舌状三角形。果实长倒卵形。花期6~7月。

• 产地与生境　见于洞头区本岛。生于崖石上或山地林中树干上。

• 用途　全草入药，具有清热解毒、润肺止血的功效。

纤叶钗子股

Luisia hancockii Rolfe

● 兰科 **Orchidaceae** ● **钗子股属** ***Luisia*** **Gaudich.**

● 形态特征　多年生附生草本。茎直立或斜立，稍木质化。叶肉质，疏生而斜立，圆柱形，先端钝，基部具 1 个关节和抱茎的鞘。花序轴粗壮，通常具 2~3 朵花；花肉质，开展，萼片和花瓣黄绿色；中萼片倒卵状长圆形，具 3 条脉，仅中脉到达先端；侧萼片长圆形，对折，先端钝，具 3 条脉，在背面龙骨状的中肋近先端处呈翅状；花瓣稍斜长圆形；唇瓣近卵状长圆形，前后唇无明显的界线；后唇稍凹，基部具圆耳；前唇紫色，先端凹缺；花粉团近球形。蒴果椭圆状圆柱形。花期 5~6 月，果期 8 月。

● 产地与生境　见于洞头区本岛。生于山谷崖壁上。

● 用途　全草入药，具散风祛痰、解毒消肿等的功效。

细叶石仙桃

Pholidota cantonensis Rolfe

● 兰科 **Orchidaceae** ● 石仙桃属 ***Pholidota* Lindl. ex Hook.**

● 形态特征　多年生附生草本。根状茎匍匐，分枝，密被鳞片状鞘；假鳞茎狭卵形至卵状长圆形，顶端生 2 枚叶。叶片线形或线状披针形，纸质，先端短渐尖或近急尖，边缘常多少外卷，基部收狭成柄。花莛生于幼嫩假鳞茎顶端；总状花序通常具 10 余朵花；花小，白色或淡黄色；中萼片卵状长圆形，多少呈舟状，先端钝，背面略具龙骨状凸起；侧萼片卵形，斜歪，略宽于中萼片；花瓣宽卵状菱形或宽卵形，先端急尖；唇瓣宽椭圆形，整个凹陷而成舟状，先端近截形或钝，唇盘上无附属物。花期 3~4 月，果期 8 月。

● 产地与生境　见于洞头区本岛。生于石壁上。

● 用途　可作观赏盆栽植物；全草可入药，具清热凉血、滋阴润肺、解毒等的功效。

葱叶兰

Microtis unifolia (Forst.) Rchb. f.

● **兰科 Orchidaceae** ● **葱叶兰属 *Microtis* R. Br.**

● 形态特征　多年生草本。块茎较小，近球形。茎短而直立，具 1 枚叶。叶片圆筒状，长 16~33cm，近轴面具 1 纵槽，先端细尖，基部抱茎。花葶直立，穗状花序密生多数小花；花苞片狭卵状三角形，先端锐尖；花梗短；花淡绿色；中萼片宽椭圆形，兜状；侧萼片卵形或椭圆形，反卷，先端钝；花瓣条状长圆形；唇瓣舌状，稍肉质，无距，下弯，边缘略波状，先端钝，基部截形，两侧具胼胝体。蒴果椭圆形，直立。花期 5~6 月，果期 9~10 月。

● 产地与生境　见于洞头区大竹峙岛，苍南县草屿岛。生于山坡草丛中。

● 用途　可栽培于庭院供观赏。

绶草

Spiranthes sinensis (Pers.) Ames

●兰科 **Orchidaceae** ●绶草属 ***Spiranthes*** **L. C. Rich.**

● 形态特征　多年生草本。根数条，指状，肉质，簇生于茎基部。茎较短，直立。叶 2~8，基生；叶片稍肉质，条状倒披针形或条形，先端尖，中脉微凹，基部具柄状抱茎的鞘。花莛直立；穗状花序具多数呈螺旋状排列的花，长 4~20cm；花苞片卵状披针形，先端长渐尖，下部的长于子房；子房被腺状柔毛；花小，紫红色、粉红色；萼片几等长，中萼片长圆形，与花瓣靠合成兜状，侧萼片较狭；花瓣斜菱状长圆形，先端钝，与萼片等长；唇瓣长圆形，先端截平，表面具皱波纹和硬毛。花期 5~9 月。

● 产地与生境　见于洞头区本岛、大竹峙岛。生于山坡草丛中。

● 用途　带根全草入药，具清热解毒、利湿消肿的功效。

参考文献

R E F E R E N C E

Flora of China 编委会, 1989—2013. Flora of China（22~25 卷）[M]. 北京：科学出版社, 美国：密苏里植物园出版社联合出版 . http://foc.eflora.cn/.

丁炳扬，2016. 温州野生维管束植物名录 [M]. 杭州：浙江科学技术出版社 .

福建省科学技术委员会，福建植物志编写组，1980—1995. 福建植物志（第六卷）[M]. 福州：福建科学技术出版社 .

浙江植物志编辑委员会,1989—1993. 浙江植物志（第七卷）[M]. 杭州：浙江科学技术出版社 .

郑朝宗，2005. 浙江种子植物检索鉴定手册 [M]. 杭州：浙江科学技术出版社 .

中国科学院植物研究所，1960. 中国经济植物志（上、下册）[M]. 北京：科学出版社 .

中国科学院中国植物志编辑委员会，1959—2004. 中国植物志（8~19 卷）[M]. 北京：科学出版社 .